Bilanzen verstehen und auswerten
Schnelleinstieg

Christoph Hehemann

Bilanzen verstehen und auswerten

Schnelleinstieg

Die Wirtschaftlichkeit von Unternehmen beurteilen

mitp

Bibliografische Information der Deutschen Nationalbibliothek
Die Deutsche Nationalbibliothek verzeichnet diese Publikation in der Deutschen Nationalbibliografie; detaillierte bibliografische Daten sind im Internet über http://dnb.d-nb.de abrufbar.

Bei der Herstellung des Werkes haben wir uns zukunftsbewusst für umweltverträgliche und wiederverwertbare Materialien entschieden.
Der Inhalt ist auf elementar chlorfreiem Papier gedruckt.

ISBN 978-3-7475-0817-6
1. Auflage 2024

www.mitp.de
E-Mail: mitp-verlag@lila-logistik.de
Telefon: +49 7953 / 7189 - 079
Telefax: +49 7953 / 7189 - 082

Lektorat: Katja Völpel, Nicole Winkel
Covergestaltung: Christian Kalkert
Bildnachweis: goodluz/stock.adobe.com
Satz: Petra Kleinwegen
Druck: Plump Druck & Medien GmbH, Rheinbreitbach

Inhalt

Für Mama und Papa

Einleitung

Bilanzen verstehen und auswerten

Sie möchten sich mit dem Thema Bilanzen auseinandersetzen und ein Verständnis für die Finanzen eines Unternehmens entwickeln? Vielleicht haben Sie sogar ein konkretes Projekt, bei dem Ihnen das Wissen um die Situation eines Unternehmens helfen würde? Wunderbar, ich heiße Sie herzlich willkommen!

In den letzten siebzehn Jahren habe ich mich intensiv mit Unternehmensfinanzen beschäftigt. Als Investmentbanker habe ich die Zahlen eines Unternehmens zur Bewertung herangezogen. Als Unternehmensberater haben mir die Zahlen meiner Kunden geholfen, Ansatzpunkte für Optimierungsmaßnahmen zu finden und deren Wirksamkeit zu überprüfen. Und als Leiter des Rechnungswesens eines mittelständischen Produktionskonzerns bin ich nun selbst für die Erstellung des Jahresabschlusses verantwortlich.

All diese Erfahrungen habe ich in dieses Buch einfließen lassen und versucht, das Thema Finanzen möglichst einfach und anwendergerecht darzustellen.

Was können Sie hier erwarten?

Sie erhalten eine verständlich geschriebene Einführung in die Thematik der betrieblichen Finanzwirtschaft. Sie entwickeln ein Grundverständnis für die Rahmenbedingungen, unter denen Unternehmenszahlen entstehen. Darüber hinaus lernen Sie die wesentlichen Bestandteile des Jahresabschlusses kennen. Er ist das zentrale Instrument, um Außenstehende über die Lage eines Unternehmens zu informieren. Darüber hinaus möchte ich Ihnen erste Ansatzpunkte vermitteln, wie Sie diese Zahlen weiter analysieren können, um noch mehr Erkenntnisse aus den Zahlen der Unternehmen, mit denen Sie zu tun haben, zu gewinnen. Am Ende dieses Buchs werden Sie in der Lage sein, eine Bilanz »zu verstehen und auszuwerten«.

Was dieses Buch jedoch nicht leisten kann, ist eine detaillierte und vollständige Beschreibung aller Aspekte der Buchführung und des Jahresabschlusses.

Sie werden hier nicht lernen, wie man Geschäftszahlen erzeugt und in einem Jahresabschluss zusammenfasst.

Dieses Buch ist eine schnelle Einführung in das Thema, die Ihnen einen soliden Ausgangspunkt bietet, auf dem Sie aufbauen können. Mithilfe dieses Buchs können Sie sich ein erstes Bild von der Lage eines Unternehmens machen. Sie können die Informationen, die ein Unternehmen veröffentlicht, kritisch hinterfragen und sich eine erste eigene Meinung bilden. Das ist doch schon mal was!

Wir leben in einer stark wirtschaftlich geprägten Welt. Jeden Tag haben wir mit Unternehmen zu tun. Dabei ist es hilfreich, wenn wir diese Unternehmen besser einschätzen können. Wenn wir wissen, wie es einem Unternehmen geht, hilft uns das, selbst bessere Entscheidungen zu treffen. Deshalb lohnt es sich meiner Meinung nach für jeden, sich zumindest ein Grundwissen über Unternehmensfinanzierung anzueignen. Genau das bietet dieses Einführungsbuch.

An wen richtet sich das Buch?

Daher richtet sich dieses Buch in erster Linie an den Einsteiger[1], der sich für das Thema Unternehmensfinanzen interessiert. Der Schwerpunkt liegt eindeutig auf den Nutzern der Zahlen, die ein Unternehmen veröffentlicht. Dies sind die Adressaten des veröffentlichten Jahresabschlusses eines Unternehmens.

Aus diesem Grund ist das Buch eher nicht für fortgeschrittene Leser geeignet, die bereits über ein Grundverständnis des Themas verfügen. Ebenso wenig ist es für Personen geeignet, die eine Karriere als Buchhalter oder Controller im Finanzbereich eines Unternehmens anstreben. Es hilft eher denjenigen, die sich mit Buchhaltern und Controllern auf Augenhöhe darüber unterhalten wollen, was die Zahlen eines Unternehmens eigentlich bedeuten.

Aufbau des Buchs

Um dem Zweck dieses Buchs gerecht zu werden, ist es in drei Teile gegliedert. Jeder Teil baut auf dem vorhergehenden auf. Es lohnt sich daher, das Buch von Anfang bis Ende durchzuarbeiten.

1 Rein aus Gründen der besseren Lesbarkeit verwende ich in diesem Buch im Regelfall die männliche Form. Selbstverständlich richtet sich dieses Buch dennoch an Leser aller Geschlechter.

In *Teil 1* werden wir uns mit den absoluten Grundlagen der Unternehmensfinanzierung befassen und eine solide Basis schaffen, die es Ihnen ermöglicht, in detailliertere Themen einzusteigen.

Dazu betrachten wir in *Kapitel 1* den organisatorischen Rahmen, in dem ein Unternehmen agiert und seine Zahlen produziert. Auf diese Weise arbeiten wir uns langsam und behutsam in das Thema ein.

Kapitel 2 gibt dann einen ersten Überblick über die wichtigsten Berichte und Informationen, die Unternehmen über ihre Aktivitäten veröffentlichen. Sie erhalten auch ein Verständnis für die Art der Informationen und wie diese miteinander in Beziehung stehen.

In *Teil 2* des Buchs geht es »ans Eingemachte«. Wir werden uns im Detail mit den wichtigsten Berichten beschäftigen, die von Unternehmen veröffentlicht werden. Dabei beginnen wir in *Kapitel 3* mit der Bilanz, die als das »Herzstück« der Informationen über ein Unternehmen angesehen werden kann. Abgerundet wird das Kapitel durch eine Einführung in das zentrale Thema »Working Capital Management«. Darüber hinaus wird auch auf die Investitionstätigkeit eines Unternehmens in sein Vermögen eingegangen.

Kapitel 4 widmet sich der Gewinn- und Verlustrechnung eines Unternehmens. Sie gibt Aufschluss über den Erfolg eines Unternehmens und die Quellen, aus denen er sich speist.

Kapitel 5 befasst sich mit der Kapitalflussrechnung, die einen wichtigen Einblick in die verschiedenen Zahlungsströme eines Unternehmens gibt. Wie wir noch sehen werden, ist diese Sichtweise von großer praktischer Bedeutung.

In *Kapitel 6* werden weitere Bestandteile des Jahresabschlusses vorgestellt. Diese helfen, einen noch tieferen Einblick in die Situation eines Unternehmens zu gewinnen.

Das Thema Bilanzpolitik wird in *Kapitel 7* behandelt. Denn auch wenn es nicht den Anschein hat, kann man bei den Zahlen eines Unternehmens nicht immer zwischen »Schwarz« und »Weiß« unterscheiden.

Im *dritten Teil* des Buchs wird der Frage nachgegangen, wie mithilfe der Bilanzanalyse noch mehr Informationen aus den veröffentlichten Zahlen der Unternehmen gewonnen werden können. Dazu wird in *Kapitel 8* ein erster Überblick gegeben und das Thema eher konzeptionell erläutert.

In *Kapitel 9* gehen wir detailliert auf die Analyse der finanziellen Stabilität eines Unternehmens ein. Sie lernen verschiedene Kennzahlen kennen, mit deren Hilfe neue Informationen gewonnen und Aussagen zu einzelnen Kennzahlen verdichtet werden können.

Das abschließende *Kapitel 10* widmet sich der Analyse der Ertragslage eines Unternehmens. Sie lernen, wie Sie mithilfe weiterer Kennzahlen die Qualität des Unternehmenserfolgs beurteilen können. Außerdem erfahren Sie, wie Sie den Erfolg in nachhaltige und Sondereffekte aufteilen können.

Sie sehen, es erwartet Sie eine Fülle neuer Informationen, Konzepte und Ideen, die Ihnen einen schnellen Einstieg in das spannende Thema Finanzen ermöglichen sollen. Ich wünsche Ihnen viel Spaß bei der Lektüre.

Christoph Hehemann

Poing, im März 2024

Teil 1

Grundlagen

Kapitel 1

Das betriebliche Rechnungswesen

Die Wirtschaft ist ein untrennbarer Bestandteil unseres gesellschaftlichen Lebens. Täglich kommen wir mit ihr in Berührung und nehmen selbst am wirtschaftlichen Geschehen teil. Morgens kaufen wir unser Frühstück beim Bäcker. Danach fahren wir mit öffentlichen Verkehrsmitteln zur Arbeit. Am Arbeitsplatz setzen wir unsere Arbeitskraft und Kreativität ein, um unseren Arbeitgeber zum Erfolg zu führen. Auch in unserer Freizeit interagieren wir wirtschaftlich mit anderen Akteuren, wenn wir zum Beispiel auf dem heimischen Sofa den neuesten Netflix-Blockbuster konsumieren.

Damit bestimmt die Wirtschaft maßgeblich unsere Lebensqualität. Denn all die Produkte, die wir so selbstverständlich konsumieren und nutzen, wurden von wirtschaftlich geprägten Unternehmen hergestellt. Weil Unternehmen Produkte und Dienstleistungen anbieten, die für uns einen hohen Mehrwert haben, sind wir bereit, unser hart verdientes Geld dafür auszugeben.

Diese finanzielle Komponente schafft gleichzeitig Anreize für Unternehmen. Die Aussicht auf Erfolg treibt Innovationen und Verbesserungen voran, die uns in Zukunft einen noch größeren Mehrwert bieten sollen.

Obwohl unser tägliches Leben untrennbar mit der Wirtschaft verbunden ist, haben die meisten von uns wenig oder gar keinen Bezug dazu. Unser eigenes wirtschaftliches Handeln ist meist von Gewohnheiten geprägt und eher intuitiv. Nur wenige von uns haben einen wirklichen Einblick in die Wirtschaft und ihre Funktionsweise, geschweige denn ein wirkliches Verständnis dafür.

Finanzen sind die »Sprache« der Wirtschaft

Ein erster Schritt zu einer bewussteren Teilnahme am Wirtschaftsleben ist ein besseres Verständnis der »Sprache«, in der man in der Wirtschaft miteinander kommuniziert: der Finanzen.

Fast jede Handlung im Wirtschaftsleben lässt sich in Zahlen ausdrücken. So führt der Kauf unseres Frühstücksbrötchens beim Bäcker zu einem Umsatz.

Im Gegenzug entstehen dem Bäcker Kosten für Mehl, Hefe und Personal. Auch die Kosten für den Backofen müssen bei der Preiskalkulation berücksichtigt werden. Wer versteht, wie sich all diese Vorgänge in den Finanzen eines Unternehmens niederschlagen, kann unsere Wirtschaft besser verstehen.

Das betriebliche Rechnungswesen bildet den organisatorischen Rahmen

Aus Sicht eines Unternehmens bildet das betriebliche Rechnungswesen den organisatorischen Rahmen für das Finanzwesen. Seine Aufgabe ist es, alle Geschäftsvorfälle des Unternehmens

- zu erfassen,
- abzubilden,
- aufzubereiten,
- zu berichten und
- zu analysieren.

In diesem Kapitel wollen wir uns daher mit verschiedenen Aspekten des betrieblichen Rechnungswesens beschäftigen. Wir beleuchten die unterschiedlichen Aufgaben, die es erfüllt. Wir gehen auf die verschiedenen Adressaten ein, an die sich das betriebliche Rechnungswesen wendet. Wir betrachten den Aufbau des betrieblichen Rechnungswesens. Und wir ordnen die Bilanz in diesen organisatorischen Überbau ein. Außerdem stellen wir die verschiedenen Rechnungslegungsstandards vor, die die Arbeit des betrieblichen Rechnungswesens bestimmen. Vor allem aber wollen wir ein einzelnes Unternehmen in seinem Umfeld betrachten. Sie werden verstehen, in welche Art von Beziehungen ein Unternehmen eingebunden ist und wie sich diese in den Finanzen niederschlagen.

1.1 Das Unternehmen in seinem Umfeld

Unser Wirtschaftsleben ist dadurch gekennzeichnet, dass Geschäfte auf verschiedenen Märkten abgeschlossen werden. Bei einem einzelnen Geschäft stehen sich zwei Parteien gegenüber. Der eine ist der Nachfrager, der andere der Anbieter.

1.1.1 Die zentralen Akteure unseres Wirtschaftslebens

Unsere Wirtschaft besteht aus einer Vielzahl unterschiedlicher Akteure. Diese verschiedenen Parteien vertreten ihre eigenen Interessen und handeln im Wirtschaftsleben miteinander.

Private Haushalte

Private Akteure wie Sie und ich nehmen am Wirtschaftsleben teil. Wir Privatpersonen treten meist als Nachfrager und Konsumenten von Gütern und Dienstleistungen auf. Wir kaufen Waren des täglichen Bedarfs, nehmen Dienstleistungen in Anspruch oder schaffen uns größere Güter wie Fahrzeuge oder Einrichtungsgegenstände an.

Öffentliche Haushalte

Aber auch öffentliche Haushalte wie Kommunen oder Bundesländer sind im Wirtschaftsleben aktiv. Auch sie treten in der Regel als Konsumenten auf.

Allerdings kaufen öffentliche Haushalte Güter, um ihre hoheitlichen Aufgaben zu erfüllen. So kaufen Kommunen Straßenbeleuchtungen, um die Straßen ihrer Gemeinde sicherer zu machen. Oder sie beauftragen Busunternehmen mit dem Betrieb eines Schulbusses.

Unternehmen

Unternehmen nehmen im Wirtschaftsleben eine besondere Stellung ein. Denn sie stehen auf beiden Seiten des Wirtschaftsgeschehens. Einerseits sind Unternehmen ebenfalls Nachfrager. Sie kaufen verschiedenste Güter und Dienstleistungen ein, die sie für ihre Aktivitäten benötigen.

Gleichzeitig produzieren Unternehmen aber auch selbst Produkte und Dienstleistungen, die sie anderen Teilnehmern am Wirtschaftskreislauf zum Kauf anbieten.

1.1.2 Die Aktivitäten des Unternehmens

Betrachten wir diese verschiedenen Aktivitäten eines Unternehmens etwas genauer. Denn aus Sicht des Unternehmens entspricht jede Handlung in der Wirtschaft einem einzelnen Geschäftsvorfall. Die Geschäftsvorfälle wiederum werden in der Buchhaltung erfasst und schlagen sich in den verschiedensten Berichten des Unternehmens nieder.

Das Unternehmen auf dem Beschaffungsmarkt

Beginnen wir mit dem Kerngeschäft eines Unternehmens. Um seine eigentliche Leistung zu erstellen, benötigt ein Unternehmen Input. Dazu gehören Materialien, die das Unternehmen zu seinen Produkten weiterverarbeitet. Für die Weiterverarbeitung werden verschiedenste Maschinen benötigt, die ein Unternehmen auch anschaffen muss. Aber auch Arbeitskräfte werden benötigt, um die Materialien zu Produkten weiterzuverarbeiten und die Maschinen zu bedienen. Auch administrative Arbeitskräfte werden von Unternehmen im Rahmen seiner Leistungserstellung eingesetzt.

Diese verschiedenen Inputfaktoren beschafft sich ein Unternehmen auf dem Beschaffungsmarkt. Dort tritt es als Nachfrager auf und trifft in der Regel auf andere Unternehmen. Diese liefern dem Unternehmen die benötigten Materialien und Maschinen. Arbeitskräfte beschafft sich ein Unternehmen auf dem Arbeitsmarkt, der ein Teilmarkt des Beschaffungsmarktes ist, und stellt Mitarbeiter ein oder beschäftigt Leiharbeitnehmer.

Die Leistungserstellung im Unternehmen

Der nächste Prozessschritt betrifft die eigentliche Leistungserstellung im Unternehmen. In einem produzierenden Unternehmen werden die verschiedenen Inputfaktoren miteinander kombiniert, um die Produkte des Unternehmens herzustellen. Das von den Lieferanten eingekaufte Material wird aus den Regalen des Lagers an die Arbeitsplätze in der Fertigung gebracht. Dort wird es mithilfe von Maschinen und anderen Produktionsmitteln verarbeitet. An den Maschinen stehen die Produktionsmitarbeiter, die das Unternehmen eingestellt hat, und bedienen die Maschinen.

Ein Produktionsprozess kann in mehreren Schritten ablaufen. So werden z.B. in einem Bereich der Vorproduktion nur Bauteile oder Module hergestellt. Diese sind für sich genommen nicht zum Verkauf bestimmt, sondern gehen selbst wieder in andere Bauteile oder Endprodukte ein. Aus den Komponenten und Modulen wird in der Endmontage das verkaufsfähige Produkt zusammengesetzt. Anschließend wird es verpackt und wieder eingelagert.

Auch in einem Dienstleistungsunternehmen findet eine Leistungserstellung statt. Nur wird hier kein physisches Produkt in einer Fabrik hergestellt, sondern eine Dienstleistung erbracht.

Gerade bei Dienstleistungsunternehmen, wie z.B. einem Friseursalon oder einer Anwaltskanzlei, spielen die Mitarbeiter und deren Qualifikation sowie Erfahrung eine entscheidende Rolle. Die Qualität der erbrachten Dienstleistung hängt stark von der Qualität und Motivation der Mitarbeiter ab.

Das Unternehmen auf dem Absatzmarkt

Einkauf und Leistungserstellung allein reichen jedoch nicht aus. Das Unternehmen muss Abnehmer für seine Produkte und Dienstleistungen finden. Denn ohne Kunden gibt es keinen Umsatz. Und ohne Umsatz kann ein Unternehmen seine Kosten für Materialeinkauf, sonstige laufende Kosten und Investitionen nicht tragen.

Unternehmen wenden sich daher dem Absatzmarkt zu. Auf den Absatzmärkten treffen Unternehmen auf andere Teilnehmer am Wirtschaftskreislauf. Diese treten als Nachfrager und Käufer mit dem Unternehmen in Kontakt.

Die Aktivitäten eines Unternehmens auf dem Absatzmarkt lassen sich grob in zwei Bereiche unterteilen: Die Marketingaktivitäten zielen darauf ab, Interessenten für die Angebote des Unternehmens zu gewinnen. Dies geschieht durch Werbung, Kommunikation, Produktgestaltung und andere verkaufsfördernde Maßnahmen.

Aus den Marketingaktivitäten gehen Interessenten und potenzielle Kunden hervor. Diese werden wiederum vom Vertrieb des Unternehmens übernommen. Im Austausch mit dem Kunden ermittelt der Vertrieb, welche Bedürfnisse der Kunde hat und welche Leistungen des Unternehmens zur Befriedigung dieser Bedürfnisse geeignet sind.

Am Ende dieses Austausches unterbreitet das Unternehmen dem Interessenten ein Angebot, das dieser annehmen oder ablehnen kann. Sind sich Unternehmen und Interessent einig, kommt das Geschäft zustande. Ein produzierendes Unternehmen liefert seine Produkte an den Kunden aus. Ein Dienstleistungsunternehmen erbringt seine Dienstleistung.

Das Unternehmen und der Staat

Neben der eigentlichen Leistungserstellung steht das Unternehmen in weiteren Beziehungen zu seiner Umwelt. Auch diese Beziehungen spiegeln sich über Geschäftsvorfälle in den Zahlen des betrieblichen Rechnungswesens wider.

Ein Beispiel hierfür sind die Beziehungen des Unternehmens zu verschiedenen öffentlichen Stellen. Dazu gehören z.B. Kommunen, Finanzämter oder andere staatliche Stellen.

Gerade zu den Finanzämtern hat ein Unternehmen eine dauerhafte Beziehung. Denn wie jeder andere Akteur in unserer Gesellschaft müssen auch Unternehmen Steuern bezahlen.

Aber auch die öffentliche Hand erbringt Leistungen, die sich unter anderem an Unternehmen richten. Darüber hinaus unterstützen Ämter und Ministerien förderungswürdige Initiativen.

Für Unternehmen gibt es zahlreiche Förderprogramme, um Forschungs- und Entwicklungsvorhaben zu motivieren oder die Transformation der Wirtschaft hin zu einer nachhaltigeren Wirtschaftsweise voranzutreiben. Aus solchen Programmen können Unternehmen Förderleistungen erhalten, um sich bei entsprechenden Vorhaben durch die öffentliche Hand unterstützen zu lassen. Auch diese Unterstützungsleistungen schlagen sich in den Zahlen eines Unternehmens nieder.

Das Unternehmen auf den Kapitalmärkten

Eine weitere Kategorie von Beziehungen unterhält das Unternehmen zu den Kapitalmärkten. Die verschiedenen Aktivitäten eines Unternehmens erfordern Kapital. Dieses Kapital kann ein Unternehmen aus eigener Kraft erwirtschaften, indem es seine Leistungen gewinnbringend verkauft. Größere Vorhaben wie der Eintritt in neue Märkte, der Bau einer neuen Fabrik oder ein Transformationsprogramm hin zu mehr Nachhaltigkeit erfordern jedoch häufig größere Investitionssummen.

Dieses Kapital beschafft sich ein Unternehmen meistens von externen Investoren. Dies können neue oder bestehende Eigentümer sein, aber auch Banken stellen Unternehmen das benötigte Kapital über Kredite zur Verfügung.

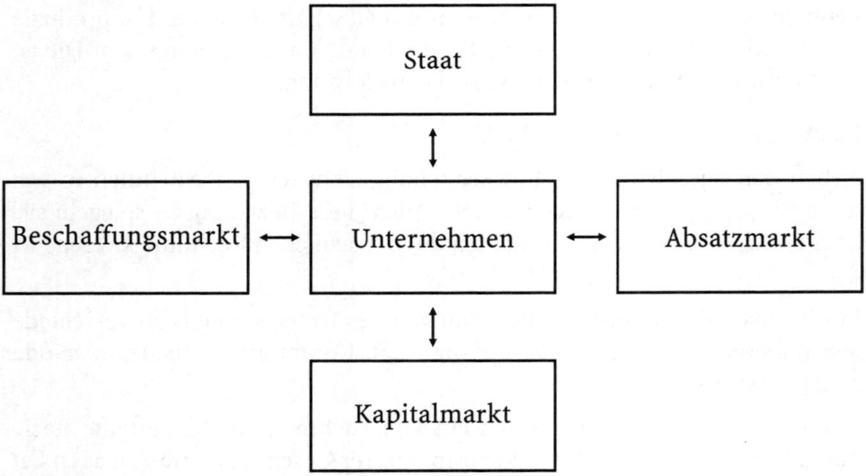

Abbildung 1.1: Das Unternehmen in seiner Umwelt

1.2 Aufgaben des betrieblichen Rechnungswesens

Wie wir noch sehen werden, besteht das betriebliche Rechnungswesen aus verschiedenen Teilbereichen. Jeder dieser Teilbereiche verfügt über eigene Instrumente, um die Aufgaben des betrieblichen Rechnungswesens zu erfüllen. Zu den wichtigsten und zentralen Aufgaben des Rechnungswesens gehören:

- Dokumentationsfunktion
- Informationsfunktion
- Planungsfunktion
- Kontrollfunktion
- Zahlungsbemessungsfunktion

1.2.1 Dokumentationsfunktion

Eine der wichtigsten Aufgaben des betrieblichen Rechnungswesens ist die Dokumentation. Jeder Geschäftsvorfall, der sich im Zahlenwerk des Unternehmens niederschlägt, muss lückenlos dokumentiert werden.

Die Dokumentation ermöglicht es, die Entwicklung des Unternehmens nachzuvollziehen. Auch Jahre später müssen Unternehmen in der Lage sein, jeden Geschäftsvorfall erklären zu können. Dies ist beispielsweise im Rahmen von Betriebsprüfungen relevant. Die Dokumentation des Unternehmens muss so gestaltet sein, dass sich ein sachverständiger Dritter in angemessener Zeit in die Geschäftsvorfälle einarbeiten und diese nachvollziehen kann.

1.2.2 Informationsfunktion

Eine weitere wichtige Aufgabe des betrieblichen Rechnungswesens ist die Informationsfunktion. Interessierte Außenstehende sollen durch die veröffentlichten Zahlen eines Unternehmens in die Lage versetzt werden, sich ein Bild über die Lage und Entwicklung des Unternehmens zu machen.

Sie nutzen diese Informationen, um eigene Entscheidungen in Bezug auf das Unternehmen zu treffen. Beispielsweise interessieren sich die Aktionäre eines Unternehmens für die Lage ihrer Investition. Sie nutzen die Informationen, um zu entscheiden, ob sie weiterhin im Unternehmen investiert sein wollen.

1.2.3 Planungsfunktion

Die Informationen des Rechnungswesens sind eine wichtige Informationsquelle für die verantwortliche Unternehmensführung. Mithilfe der Zahlen und weiterer Inputs entwickelt sie eine Planung für die kurz- und mittelfristige Zukunft. Diese Planung wird mit konkreten Maßnahmen unterlegt, die es ermöglichen sollen, die Planung Wirklichkeit werden zu lassen.

Das betriebliche Rechnungswesen dient somit auch der Steuerung eines Unternehmens. Nur wenn das Management detaillierte und aktuelle Informationen über den Zustand des Unternehmens hat, kann es konkrete Maßnahmen ergreifen, um das Unternehmen zum Erfolg zu führen.

1.2.4 Kontrollfunktion

Das Rechnungswesen dient auch der Kontrolle des Unternehmens und seiner Entwicklung. Dabei geht es vor allem darum, die Erwartungen mit der tatsächlichen Entwicklung zu vergleichen. Bei Abweichungen kann man der Sache auf den Grund gehen und versuchen, die Ursachen für die unterschiedliche Entwicklung zu verstehen. Aus den so gewonnenen Erkenntnissen können Rückschlüsse auf die mögliche zukünftige Entwicklung des Unternehmens gezogen werden.

An der Kontrolle des Unternehmens sind sowohl interne als auch externe Parteien interessiert. Das Management eines Unternehmens hat ein großes Interesse daran, die von der ursprünglichen Planung abweichende Entwicklung des Unternehmens nachvollziehen zu können. Eine solche Analyse ermöglicht es dem Management, Maßnahmen zu ergreifen, um die Entwicklung in die gewünschte Richtung zu lenken.

Aber auch Externe wollen verstehen, warum sich ein Unternehmen so entwickelt hat, wie es sich entwickelt hat. Beispielsweise haben die Lieferanten eines Unternehmens ein großes Interesse an der Geschäftsbeziehung zum Unternehmen. Sie wollen wissen, ob das Unternehmen auch in Zukunft ein zuverlässiger Geschäftspartner sein wird oder ob in absehbarer Zeit mit Zahlungsausfällen zu rechnen ist.

1.2.5 Zahlungsbemessungsfunktion

Auf Basis der Informationen aus dem Rechnungswesen werden verschiedene Zahlungsverpflichtungen des Unternehmens ermittelt. Gegenüber dem Fiskus schuldet das Unternehmen diverse Steuerzahlungen, die vom Unternehmenserfolg abhängen. Aber auch die Höhe möglicher Gewinnausschüttungen des Unternehmens an seine Eigentümer wird mithilfe der Zahlen des Rechnungswesens ermittelt.

1.3 Adressaten von Finanzinformationen

An Informationen über das Unternehmen ist eine Vielzahl unterschiedlichster Parteien interessiert. Diese lassen sich in zwei Gruppen einteilen: Interne Interessenten sind im Unternehmen tätig und haben daher tiefere und detailliertere Einblicke in das Unternehmen. Daneben gibt es auch externe Interessenten, die außerhalb des Unternehmens stehen und sich ebenfalls für seine Lage interessieren.

Beide Gruppen werden auch als »Stakeholder« (Anspruchsgruppen) bezeichnet.

Zu den wichtigsten internen Stakeholdern zählen:

- Eigentümer
- Management

Die zentralen externen Stakeholder eines Unternehmens sind:

- Mitarbeiter
- Kunden
- Lieferanten
- der Staat
- die Öffentlichkeit

Sehen wir uns die verschiedenen Stakeholder eines Unternehmens einmal im Detail an.

1.3.1 Interne Stakeholder

Eigentümer

Die Eigentümer eines Unternehmens haben ein großes Interesse am Erfolg »ihres« Unternehmens. Sie sind an Informationen über die aktuelle Situation und dem erzielten Erfolg interessiert. Sie wollen informiert sein und auf dieser Basis entscheiden, ob sie an ihrer Investition festhalten wollen.

Je nach Größe eines Unternehmens, seiner Rechtsform und seiner Nähe zum Kapitalmarkt können die Eigentümer sehr unterschiedlich sein. Bei sehr großen börsennotierten Unternehmen gibt es eine sehr große Anzahl von Eigentümern. Jeder, der mindestens eine einzelne Aktie des Unternehmens besitzt, ist Eigentümer. Allerdings besitzt er dann auch nur einen sehr kleinen Anteil am Unternehmen.

Daneben gibt es aber vor allem bei kleineren Unternehmen die Situation, dass die Eigentümer gleichzeitig selbst im Unternehmen tätig sind. Insbesondere bei sehr kleinen, aber auch bei größeren mittelständischen Unternehmen ist dies die Regel.

Management

Das Management eines Unternehmens kann, muss aber nicht gleichzeitig Eigentümer des Unternehmens sein. Bei größeren Unternehmen ist es eher die Regel, dass Eigentum und Management voneinander getrennt sind. In diesen Fällen handelt das Management im Auftrag der Eigentümer mit dem Ziel, das Unternehmen so erfolgreich wie möglich zu führen.

Zur Erfüllung dieser Führungsaufgabe nutzt das Management die Informationen des Unternehmens. Im Tagesgeschäft treten regelmäßig kleinere und größere Probleme auf, die mithilfe von Informationen aus dem Rechnungswesen gelöst werden können.

1.3.2 Externe Stakeholder

Mitarbeiter

Die Mitarbeiter des Unternehmens werden in der Regel als externe Stakeholder betrachtet, obwohl sie im Unternehmen tätig sind. Dies liegt daran, dass sie im Regelfall keinen umfassenden Einblick in alle Details des Unternehmens haben. Meist beschränkt sich das interne Wissen auf einen sehr kleinen Bereich, in dem der Mitarbeiter tätig ist.

Dennoch sind die Mitarbeiter eines Unternehmens an der Situation ihres Arbeitgebers interessiert. Denn von der Entwicklung des Unternehmens hängt auch die Sicherheit ihres Arbeitsplatzes ab. Geht es dem Unternehmen schlecht, ist auch der Arbeitsplatz und damit die Existenzgrundlage der Mitarbeiter in Gefahr. Gut qualifizierte Mitarbeiter werden sich in solchen Fällen nach einem neuen Arbeitsplatz umsehen.

Kunden

Auch die Kunden eines Unternehmens sind an dessen Entwicklung interessiert. Gerade in einer Kunden-Lieferanten-Beziehung zwischen zwei Unternehmen ist eine langfristige Zusammenarbeit oft die Regel. Ein Kunde, der das Unternehmen als langfristigen und strategisch wichtigen Lieferanten ausgewählt hat, möchte diese wichtige Beziehung sorgfältig überwachen. Geht es dem Unternehmen schlecht, ist auch eine für den Kunden wichtige Lieferantenbeziehung gefährdet.

Aus diesem Grund werden die Volumina der gemeinsamen Geschäfte auf beiden Seiten kontinuierlich überwacht. Übersteigt das Volumen ein Maß, bei dem sich einer der beiden Partner unwohl fühlt, werden Gespräche aufgenommen, um die Sicherheit zu erhöhen.

Lieferanten

Auf der anderen Seite unterhält jedes Unternehmen auch Beziehungen zu seinen eigenen Lieferanten. Und auch für diese ist es interessant zu wissen, wie es dem Unternehmen geht. Denn viele Lieferanten gehen zunächst in Vorleistung. Sie liefern ihre Produkte und stellen diese dann in Rechnung.

Die Bezahlung für die erbrachte Leistung erfolgt erst zu einem späteren Zeitpunkt. Das liegt daran, dass im Rahmen der Kunden-Lieferanten-Beziehung feste Zahlungsbedingungen vereinbart werden. Für den Lieferanten besteht somit immer das Risiko, dass er seine Leistung zwar erbringt, aber im Falle einer Insolvenz seines Kunden auf einen Teil oder sogar die gesamte Forderung verzichten muss.

Lieferanten werden daher das Unternehmen und dessen Zahlungsverhalten genau beobachten, insbesondere wenn es sich um einen großen und wichtigen Kunden handelt.

Staat

Auch die verschiedenen Institutionen des Staates interessieren sich für die Zahlen des Unternehmens. Unternehmen sind neben den Privatpersonen eine wichtige Finanzierungsquelle für den Staat. Deshalb müssen auch Unternehmen Steuern zahlen.

Damit die zu zahlenden Steuern ermittelt werden können, müssen Unternehmen wie Privatpersonen Steuererklärungen abgeben. Die Zahlen in den Steuererklärungen ergeben sich aus den Aufzeichnungen des betrieblichen Rechnungswesens.

Darüber hinaus finden regelmäßig Betriebsprüfungen mit unterschiedlichen Schwerpunkten in den Unternehmen statt. Betriebsprüfer der Finanzämter nehmen das Zahlenmaterial genau unter die Lupe und beurteilen, ob alle Geschäftsvorfälle steuerlich korrekt abgewickelt wurden.

Öffentlichkeit

Nicht zuletzt interessiert sich auch die Öffentlichkeit für die Situation eines Unternehmens. Unternehmen sind selbstverständlich auch Teil des öffentlichen Lebens. Sie treten als Sponsoren auf. Sie fördern lokale Projekte. Und sie sorgen für einen regionalen Arbeitsmarkt und können größere Infrastrukturprojekte anstoßen.

Ein Unternehmen beeinflusst auch die ökologische Situation einer Region. Die zunehmende Bedeutung von Nachhaltigkeit nimmt auch Unternehmen in die Pflicht. Nicht nur Gesetze sind zu beachten, auch der Druck der Öffentlichkeit kann das Verhalten von Unternehmen beeinflussen und so für mehr Nachhaltigkeit in unserer Gesellschaft sorgen.

1.4 Internes und externes Rechnungswesen

Betrachten wir nun die Struktur des betrieblichen Rechnungswesens. Es lässt sich in ein internes und ein externes Rechnungswesen unterteilen. Beide Bereiche richten sich an unterschiedliche Adressaten, haben unterschiedliche Kerninstrumente und verfolgen unterschiedliche Ziele. Darüber hinaus bestehen Unterschiede in der rechtlichen Ausgestaltung der beiden Bereiche des Rechnungswesens.

	Internes Rechnungswesen	**Externes Rechnungswesen**
Adressaten	Interne Stakeholder	Externe Stakeholder
Aufgaben	Steuerung des Unternehmens	Information und Dokumentation sowie Zahlungsbemessung
Instrumente	Kosten- und Leistungsrechnung, Investitionsrechnung, Finanzrechnung, Management Reporting	Finanzbuchhaltung, Jahresabschluss

Tabelle 1.1: Überblick über das interne und externe Rechnungswesen

1.4.1 Internes Rechnungswesen

Das interne Rechnungswesen ist ein Teilbereich des betrieblichen Rechnungswesens, der sich in erster Linie an unternehmensinterne Adressaten richtet. Zu den wichtigsten internen Adressaten gehört die Unternehmensleitung.

Darüber hinaus kann sich das interne Rechnungswesen insbesondere bei kleineren Unternehmen auch an die Gesellschafter richten. Auch Aufsichtsgremien wie der Aufsichtsrat oder ein Beirat können durch die Zahlen und Instrumente des internen Rechnungswesens informiert werden.

Der Hauptzweck des internen Rechnungswesens ist die Steuerung des Unternehmens. Das Ziel ist es, die Verantwortlichen zeitnah und detailliert über die Entwicklung des Unternehmens zu informieren. Darüber hinaus sollen entscheidungsrelevante Informationen zur Verfügung gestellt werden.

Zu diesem Zweck wurden verschiedene Instrumente entwickelt:

- Kosten- und Leistungsrechnung
- Investitionsrechnung
- Finanzrechnung
- Management-Reporting

Kosten- und Leistungsrechnung

Bei der Kosten- und Leistungsrechnung (KLR) geht es darum, die Kosten der betrieblichen Tätigkeit zu erfassen und auf die Leistungen des Unternehmens zu verteilen. Dadurch weiß ein Unternehmen genau, welche Produkte und Dienstleistungen welche Kosten verursachen.

Diese Informationen können genutzt werden, um Preise festzulegen und die Rentabilität einzelner Leistungen zu überwachen und zu optimieren. Gleichzeitig ermöglicht die Kosten- und Leistungsrechnung die Erstellung interner Erfolgsrechnungen für einzelne Unternehmensteile und damit eine bessere Steuerung der Geschäftsbereiche.

Investitionsrechnung

Auf die Investitionsrechnung wird später noch im Rahmen des Investitionsmanagements näher eingegangen (siehe *Kapitel 3.5*). Ihre Aufgabe ist es, dem Management objektive Informationen darüber zu liefern, welche Investitionen welchen Einfluss auf den Unternehmenswert haben können. Diese Transparenz soll das Management in die Lage versetzen, ein Investitionsprogramm aufzustellen und sich zwischen alternativen Investitionsmöglichkeiten zu entscheiden.

Finanzrechnung

Bei der Finanzrechnung geht es einerseits um die Finanzierung des Unternehmens und andererseits um die Steuerung der Liquidität. Jedes Unternehmen benötigt Kapital, um arbeiten zu können. Außerdem müssen die Zahlungsströme aufeinander abgestimmt werden, um nicht in Zahlungsschwierigkeiten zu geraten. Bei beiden Aufgaben hilft das Instrument der Finanzrechnung.

Management Reporting

Ganz allgemein gehört zum Aufgabenbereich des internen Rechnungswesens auch die Versorgung des Managements mit den notwendigen Informationen, damit dieses seine Aufgaben wahrnehmen kann. Diese sehr breit angelegte Informationsversorgung wird als »Management Reporting« bezeichnet. In vielen Unternehmen werden sehr unterschiedliche Berichte erstellt, die alle das Ziel haben, entscheidungs- und steuerungsrelevante Informationen für alle Ebenen der Unternehmensführung bereitzustellen.

Fokus auf die betriebliche Sphäre

Das interne Rechnungswesen konzentriert sich ausschließlich auf die Aktivitäten eines Unternehmens, die im Zusammenhang mit seiner eigentlichen Leistungserstellung stehen. Dieser Bereich wird als »betriebliche Sphäre« bezeichnet. Bei einer Schreinerei gehören somit nur die Tätigkeiten und Zahlen, die sich auf die Herstellung von Holzprodukten beziehen, zur betrieblichen Sphäre. Wird im Rahmen der Schreinerei die Vermietung von nicht genutzten Betriebsräumen betrieben, so gehören die damit verbundenen Einnahmen und Ausgaben nicht zur betrieblichen Sphäre. Sie haben nichts mit der eigentlichen Leistungserstellung der Schreinerei zu tun. Sie werden daher auch nicht im internen Rechnungswesen erfasst und in den verschiedenen Instrumenten nicht berücksichtigt.

Keine Reglementierung

Das interne Rechnungswesen dient ausschließlich der Information und Steuerung des Unternehmens. Es richtet sich bewusst nicht an externe Interessenten. Aus diesem Grund unterliegt es auch keinen gesetzlichen Regelungen und Vorschriften. Ein Unternehmen kann sein internes Rechnungswesen daher völlig frei gestalten. Es kann den Bedürfnissen des Unternehmens angepasst werden. Einziges Kriterium ist, wie effektiv die Instrumente das Management bei der Steuerung des Unternehmens unterstützen.

1.4.2 Externes Rechnungswesen

Das externe Rechnungswesen richtet sich dagegen an alle Adressaten, die außerhalb des Unternehmens stehen und nicht in die Führung und Steuerung des Unternehmens eingebunden sind. Dazu gehören, wie im vorigen

Abschnitt dargestellt, Banken, Investoren, Kunden, Lieferanten, Mitarbeiter, der Staat und die interessierte Öffentlichkeit. Allen gemeinsam ist, dass sie sich über die Lage des betreffenden Unternehmens informieren wollen. Die Gründe für dieses Interesse sind allerdings stark unterschiedlich.

Die zentralen Aufgaben des externen Rechnungswesens sind Dokumentation, Information und Zahlungsbemessung. Für diese Aufgaben wurden auch unterschiedliche Instrumente entwickelt.

Finanzbuchhaltung

Die absolute Informationsbasis für das Rechnungswesen (intern wie extern) bildet die Finanzbuchhaltung. In der Finanzbuchhaltung werden alle Geschäftsvorfälle des Unternehmens in Form von Buchungen erfasst und auf Konten gebucht.

Jahresabschluss

Aus den Buchungen der Finanzbuchhaltung entsteht der Jahresabschluss eines Unternehmens. Der Jahresabschluss dient der jährlichen Information über die Lage und Entwicklung des Unternehmens.

Fokus auf die rechtliche Einheit des Unternehmens

Das externe Rechnungswesen erfasst mit seinen Instrumenten das gesamte Unternehmen und nicht nur die betriebliche Sphäre. Auch Effekte, die außerhalb der operativen Tätigkeit eines Unternehmens entstehen, werden durch die Finanzbuchhaltung und den Jahresabschluss erfasst. Das externe Rechnungswesen umfasst somit die gesamte rechtliche Einheit des Unternehmens.

Umfassende Reglementierung

Zwischen den internen und externen Adressaten des Rechnungswesens besteht eine Informationsasymmetrie. Das Management ist wesentlich umfassender und zeitnäher über die Entwicklung des Unternehmens informiert als beispielsweise die finanzierenden Banken.

Aus diesem Grund ist das Instrumentarium der externen Rechnungslegung stark reglementiert und durch umfangreiche Vorschriften ausgestaltet. Ein Unternehmen kann seinen Jahresabschluss nicht nach eigenem Gutdünken gestalten, sondern muss sich dabei an zahlreiche Gesetze und andere Normen halten. Diese umfassende Regulierung soll sicherstellen, dass die Zahlen der externen Rechnungslegung belastbar sind und objektiv betrachtet werden können.

Insbesondere im deutschsprachigen Raum werden die Interessen der externen Adressaten als besonders gewichtig und schutzwürdig angesehen. Man spricht in diesem Zusammenhang auch vom »Gläubigerschutz«.

In diesem Buch konzentrieren wir uns insbesondere auf die externe Rechnungslegung und den Jahresabschluss. Wenn wir uns über ein Unternehmen informieren wollen, steht uns in der Regel nur der veröffentlichte Jahresabschluss zur Verfügung. Die darin enthaltenen Informationen sollen uns einen Einblick in die Lage des Unternehmens geben. Wie diese Informationen zu verstehen sind und welche Schlüsse daraus gezogen werden können, ist Thema dieses Buchs.

1.5 Die Bilanz im betrieblichen Rechnungswesen

Der Begriff Bilanz wird umgangssprachlich für die Gesamtheit der veröffentlichten Zahlen eines Unternehmens verwendet. Wenn wir im allgemeinen Sprachgebrauch von der Bilanz sprechen, dann meinen wir jegliche Informationen und Zahlen, die ein Unternehmen veröffentlicht.

Streng genommen bezeichnet die Bilanz allerdings nur einen konkreten Bericht, der lediglich einen Teil des Jahresabschlusses darstellt und einen Einblick in die Vermögens- und Kapitalstruktur des Unternehmens gibt. Die Gesamtheit der veröffentlichten Zahlen für externe Adressaten ist allerdings der Jahresabschluss.

Wichtig

Der Begriff Bilanz hat also eine doppelte Besetzung. Umgangssprachlich wird damit der gesamte Jahresabschluss eines Unternehmens bezeichnet. Finanzexperten verstehen unter der Bilanz jedoch nur einen Teil des Jahresabschlusses.

In diesem Buch wollen wir daher unter der Bezeichnung Bilanz nur den entsprechenden Bestandteil des Jahresabschlusses verstehen und nicht den Jahresabschluss in seiner Gesamtheit. Wenn wir hingegen von den gesamten Zahlen eines Unternehmens sprechen, die regelmäßig veröffentlicht werden, verwenden wir hier den Begriff Jahresabschluss.

1.6 Verschiedene Arten von Bilanzen

Bilanz ist nicht gleich Bilanz. Ein Unternehmen erstellt im Laufe seines Bestehens eine Vielzahl unterschiedlicher Bilanzen. Allen gemeinsam ist der grundlegende Zweck. Eine Bilanz gibt immer einen Überblick über die Situation des Unternehmens. Die verschiedenen Arten von Bilanzen werden jedoch aus unterschiedlichen Gründen erstellt.

1.6.1 Eröffnungs-, Schluss- und Liquidationsbilanzen

Betrachtet man den Lebenszyklus eines Unternehmens, so lässt sich die Notwendigkeit von Bilanzen entlang der Zeitachse erkennen. Zu Beginn der Geschäftstätigkeit muss ein Unternehmen eine Eröffnungsbilanz erstellen. In dieser Bilanz wird in der Regel nur das von den Eigentümern eingebrachte Vermögen und Kapital ausgewiesen.

Nimmt das Unternehmen dann seine Geschäftstätigkeit auf, muss jährlich eine Schlussbilanz erstellt werden. Diese gibt Auskunft über den Zustand des Unternehmens zu einem bestimmten Zeitpunkt, dem Ende des Geschäftsjahres.

Stellt ein Unternehmen seine Geschäftstätigkeit endgültig ein, wird es liquidiert. In diesem Prozess werden nach und nach alle operativen Aktivitäten des Unternehmens eingestellt und es regelt die Abwicklung seiner Verpflichtungen. Am Ende dieses Prozesses wird eine Liquidationsbilanz erstellt, um die Verteilung des verbleibenden Vermögens an die Eigentümer zu bestimmen.

1.6.2 Einzel- und Konzernbilanzen

Je nach Umfang des Jahresabschlusses unterscheidet man zwischen Einzel- und Konzernabschluss und damit auch zwischen Einzel- und Konzernbilanz.

Große Konzerne bestehen in der Regel nicht nur aus einem einzelnen rechtlich selbständigen Unternehmen, sondern aus einer Vielzahl von Unternehmen.

Für jede einzelne rechtliche Einheit ist ein Einzelabschluss zu erstellen. Dieser Einzelabschluss bezieht sich ausschließlich auf die rechtliche Einheit des Einzelunternehmens.

Daneben werden aber auch Konzernabschlüsse erstellt, die eine Vielzahl von Unternehmen in einem gemeinsamen Jahresabschluss zusammenfassen. Bei diesen Konzernabschlüssen wird fiktiv unterstellt, dass die Gesamtheit der Unternehmen ein einzelnes Unternehmen darstellt (»Einheitsfiktion«). Aus diesem Grund werden alle Transaktionen zwischen den einbezogenen Unternehmen nicht mitberücksichtigt. Man spricht in diesem Zusammenhang von Konsolidierung.

Konzernabschlüsse sind vor allem für große Unternehmen wichtige Berichtsinstrumente. Werden Wertpapiere des Konzerns an der Börse gehandelt, sind für die Anleger insbesondere die konsolidierten Konzernzahlen von Interesse. Die Zahlen eines einzelnen Unternehmens aus dessen Einzelabschluss interessieren in der Regel nicht.

1.6.3 Handels- und Steuerbilanzen

Eine weitere Unterscheidung ist die zwischen Handels- und Steuerbilanzen.

Die regelmäßig zu erstellenden Bilanzen, die insbesondere die Funktion haben, über die Geschäftstätigkeit des Unternehmens zu informieren, werden nach handelsrechtlichen Vorschriften erstellt.

Der handelsrechtliche Abschluss bildet die Grundlage für die Dokumentation, Information und Rechenschaftslegung eines Unternehmens gegenüber allen Stakeholdern.

Ein Unternehmen ist aber auch gegenüber den Finanzbehörden rechenschaftspflichtig. Um die Höhe der Ertragsteuern zu ermitteln, muss neben dem handelsrechtlichen Abschluss immer auch ein steuerlicher Abschluss erstellt werden.

Grundlage für die Steuerbilanz ist die Handelsbilanz. Diese wird durch steuerliche Vorschriften ergänzt und modifiziert. Das Ergebnis ist eine Steuerbilanz, die ausschließlich dem Zweck dient, die Höhe der zu zahlenden Steuern zu ermitteln. Einen darüberhinausgehenden Zweck erfüllt die Steuerbilanz eines Unternehmens nicht.

Diese parallel zu erstellenden Handels- und Steuerabschlüsse stellen für kleine und mittlere Unternehmen eine enorme Belastung dar. Aus diesem Grund sind die Unternehmen bestrebt, eine möglichst große Einheit zwischen Handels- und Steuerbilanz herzustellen.

Soweit zulässig, werden daher die verpflichtenden steuerlichen Vorschriften auch in der Handelsbilanz angewendet.

1.6.4 Ordentliche und außerordentliche Bilanzen

Eine weitere Unterscheidung kann zwischen regelmäßig zu erstellenden Bilanzen und Sonderbilanzen getroffen werden. Ein Unternehmen muss jährlich im Rahmen des Jahresabschlusses eine Bilanz aufstellen. Diese verfolgt die typischen Zwecke der Information, Dokumentation und Zahlungsbemessung.

Daneben gibt es eine Reihe von Sonderbilanzen, die nur bei besonderen Anlässen zu erstellen sind. Nur wenn einer dieser besonderen Anlässe vorliegt, ist eine solche Bilanz überhaupt zu erstellen.

Ein möglicher besonderer Anlass kann z.B. die Umstrukturierung eines Unternehmens sein. Befindet sich ein Unternehmen in Schwierigkeiten, ist es sinnvoll, vor der Umsetzung von Optimierungs- und Sanierungsmaßnahmen eine Bestandsaufnahme durchzuführen. Dies dient dazu, einen Überblick über die vorhandenen Vermögenswerte zu erhalten und damit auch die Ergebnisse der Maßnahmen beurteilen zu können. Nach Abschluss der Optimierungsmaßnahmen kann erneut eine Bilanz erstellt werden. Aus einem Vergleich lässt sich dann die Wirkung der umgesetzten Maßnahmen ableiten.

Ändert das Unternehmen seine Rechtsform, z.B. von einer Personengesellschaft in eine Kapitalgesellschaft, ist eine Umwandlungsbilanz zu erstellen. Damit soll sichergestellt werden, dass der Start in der neuen Rechtsform mit einem dokumentierten finanziellen Stand beginnt. Umwandlungsbilanzen sind auch zu erstellen, wenn ein Teil eines größeren Unternehmens in eine eigenständige Gesellschaft ausgegliedert wird.

Insbesondere Kapitalgesellschaften wie die Gesellschaft mit beschränkter Haftung (GmbH) und die Aktiengesellschaft (AG) sind eigenständige juristische Personen. Sie sind also unabhängig von ihren Eigentümern.

Möchte einer dieser Eigentümer aus dem Unternehmen ausscheiden, stellt sich die Frage nach dem Wert seiner Anteile. Vor allem bei größeren Unternehmen wird eine unabhängige Bewertung durchgeführt, um den Wert der zu veräußernden Anteile zu ermitteln. Für diese Bewertung sollten möglichst aktuelle Zahlen verwendet werden. Hierfür bietet sich die Erstellung einer Auseinandersetzungsbilanz an.

1.7 Unterschiedliche Rechnungslegungsvorschriften

Für die Aufstellung von Bilanzen und Jahresabschlüssen gibt es eine Reihe unterschiedlicher Vorschriften. Diese unterscheiden sich zum Teil erheblich in ihrer Anwendung und führen daher zu zum Teil stark unterschiedlichen Ergebnissen. Für Unternehmen ist vor allem von Interesse, welche Vorschriften angewendet werden können und welchen Einfluss diese auf die Zahlen des Unternehmens haben.

Aber auch für den Leser eines Jahresabschlusses ist es wichtig zu wissen, nach welchen Vorschriften der Abschluss erstellt wurde und welche Konsequenzen daraus für die Interpretation der Zahlen zu ziehen sind.

Grundsätzlich kann zwischen drei verschiedenen Regelwerken unterschieden werden:

- Lokale handelsrechtliche Vorschriften
- International Financial Reporting Standards (IFRS)
- US Generally Accepted Accounting Principles (US-GAAP)

1.7.1 Lokales Handelsrecht

Standardmäßig ist der Jahresabschluss nach den lokalen handelsrechtlichen Vorschriften des Landes aufzustellen, in dem das Unternehmen seinen Sitz hat. Für deutsche Unternehmen sind daher die Vorschriften des deutschen HandelsgesetzBuchs (HGB) maßgeblich.

Für den Einzelabschluss eines Unternehmens besteht – je nach Rechtsform des Unternehmens – die Pflicht zur Aufstellung eines handelsrechtlichen Jahresabschlusses und – je nach Größe – zu dessen Offenlegung.

Der in Deutschland aufgestellte HGB-Abschluss dient in erster Linie dem Gläubigerschutz. Die Interessen der Gläubiger des Unternehmens, also beispielsweise der kreditgebenden Banken, gelten als besonders schutzwürdig. Daher sind Abschlüsse nach HGB als eher konservativ anzusehen. Im Zweifelsfall wird im HGB-Abschluss ein niedriger Wert für Vermögen und ein hoher Wert für Schulden angesetzt. Diesen Umstand bezeichnet man auch als Vorsichtsprinzip. Dadurch wird ein eher konservatives Bild der Lage des Unternehmens vermittelt.

Jedes Land hat eigene Handelsgesetze und damit auch eigene Vorschriften, nach denen lokale handelsrechtliche Abschlüsse zu erstellen sind. In Österreich ist dies beispielsweise das Unternehmensgesetzbuch (UGB) und in der Schweiz das Obligationsrecht (OR).

1.7.2 International Financial Reporting Standards (IFRS)

Die »International Financial Reporting Standards« (IFRS) sind insbesondere für Konzernabschlüsse und für große Unternehmen, deren Wertpapiere an den Kapitalmärkten gehandelt werden, freiwillig oder sogar verpflichtend anzuwenden.

Die IFRS verfolgen den Ansatz des »true and fair view«. Damit stehen sie insbesondere im Gegensatz zu den deutschen Vorschriften des HGB. Nach IFRS soll ein realistisches Bild der Lage eines Unternehmens vermittelt werden, das weder zu optimistisch noch zu konservativ ist.

Die IFRS verfolgen damit eher einen Ansatz, der den Informationsinteressen von Investoren entgegenkommt. Der Gläubigerschutz steht bei den IFRS nicht so stark im Vordergrund wie beispielsweise beim deutschen HGB.

1.7.3 US Generally Accepted Accounting Principles (US-GAAP)

Die »US Generally Accepted Accounting Principles« (US-GAAP) der USA sind mit den IFRS vergleichbar. Beide Rechnungslegungswerke nähern sich seit geraumer Zeit einander an und können heute als weitgehend vergleichbar angesehen werden.

In der Vergangenheit waren die US-GAAP für deutsche und europäische Unternehmen relevant, wenn diese ihre Wertpapiere an amerikanischen Börsen notieren lassen wollten. In diesem Fall war die Erstellung eines Abschlusses nach US-GAAP vorgeschrieben, um eine Zulassung der Wertpapiere an den amerikanischen Börsen zu erhalten.

Inzwischen akzeptieren die USA aber auch Abschlüsse, die nach IFRS erstellt wurden. Damit haben die US-GAAP aus europäischer Sicht an Relevanz verloren. Europäische Unternehmen, die ihre Wertpapiere heute an amerikanischen Börsen notieren lassen wollen, können ihre Konzernabschlüsse in der Regel nach IFRS-Vorschriften erstellen.

Die verschiedenen Rechnungslegungsstandards lassen sich vor allem nach dem Grad der Realitätsnähe (konservativ vs. realistisch) unterscheiden.

Die zentralen Aussagen des Kapitels

- Unternehmen sind zentrale Akteure unseres Wirtschaftslebens.
- Sie stehen mit anderen Teilnehmern am Wirtschaftsgeschehen in Kontakt und tauschen untereinander Leistungen aus.
- Das betriebliche Rechnungswesen hat die Aufgabe, die wirtschaftlichen Aktivitäten des Unternehmens zu erfassen, aufzubereiten, zu dokumentieren und zu analysieren.

- Das betriebliche Rechnungswesen gliedert sich in einen internen und einen externen Teil, die sich mit den Informationsinteressen interner und externer Adressaten befassen.
- Die Bilanz ist Bestandteil des Jahresabschlusses, der das wichtigste Instrument des externen Rechnungswesens darstellt.
- Es gibt verschiedene Arten von Bilanzen, die regelmäßig oder zu besonderen Anlässen erstellt werden.
- Jahresabschlüsse werden nach Rechnungslegungsvorschriften erstellt, zu denen das deutsche Handelsgesetzbuch (HGB), die International Financial Reporting Standards (IFRS) und die US-amerikanischen Generally Accepted Accounting Principles (US-GAAP) gehören.

Kapitel 2

Der Jahresabschluss

Sehen wir uns nun den Jahresabschluss eines Unternehmens einmal genauer an. Wie Sie bereits gelernt haben, ist der Jahresabschluss eines der zentralen Instrumente des externen Rechnungswesens. Mithilfe des Jahresabschlusses informiert das Unternehmen seine Stakeholder über den Verlauf des abgelaufenen Geschäftsjahres. Er liefert Informationen darüber, wie die Lage des Unternehmens ist, und gibt Einblick in die Quellen seines Erfolgs.

Das Zahlenmaterial des Jahresabschlusses beruht im Wesentlichen auf den Aufzeichnungen aller Geschäftsvorfälle. Diese werden im Rahmen der Finanzbuchhaltung erfasst und auf einzelne Buchungskonten gebucht.

Die Konten wiederum werden am Ende des Jahres abgeschlossen, aggregiert und in die Berichterstattung des Jahresabschlusses überführt.

Drei Bestandteile des Jahresabschlusses sind für das Verständnis der Lage eines Unternehmens von besonderem Interesse:

- die Bilanz,
- die Gewinn- und Verlustrechnung und
- die Kapitalflussrechnung.

Diese drei Berichte liefern sehr unterschiedliche Perspektiven auf die Aktivitäten des Unternehmens. Sie erlauben daher auch unterschiedliche Einblicke. Aus den drei Berichten lassen sich unterschiedliche Fakten ablesen und dadurch Erkenntnisse gewinnen. Jede einzelne dieser Perspektiven ist wertvoll und interessant.

Alle drei Berichte sind wichtig, um ein Unternehmen in seiner ganzen Vielfalt und in allen Details zu verstehen. Ein einzelner Bericht liefert nur einen Teil der relevanten Informationen. Erst in Kombination mit den beiden anderen Berichten und weiteren Elementen des Jahresabschlusses ergibt sich ein vollständiges und umfassendes Bild des Unternehmens.

Um ein besseres Gesamtverständnis des Jahresabschlusses zu erlangen, nähern wir uns dem Thema zunächst mit einem Blick auf die Aufstellungs-, Prüfungs- und Offenlegungspflichten des Jahresabschlusses. Anschließend werden die drei genannten Berichte des Jahresabschlusses im Überblick dargestellt. In späteren Kapiteln wird dann auf jedes der drei Elemente im Detail eingegangen. Anschließend gehen wir auf den Unterschied zwischen Bestands- und Stromgrößen ein, einem wichtigen Konzept zum Verständnis der Finanzen. Das Kapitel schließt mit einer Erläuterung der Zusammenhänge zwischen Bilanz, Gewinn- und Verlustrechnung und Kapitalflussrechnung.

2.1 Aufstellungs-, Prüfungs- und Offenlegungspflichten

2.1.1 Aufstellungspflicht

Grundsätzlich stellt sich die Frage, ob ein Unternehmen überhaupt zur Aufstellung eines Jahresabschlusses und damit zur Einhaltung der Rechnungslegungsvorschriften verpflichtet ist.

Hierfür ist insbesondere die Rechtsform des Unternehmens entscheidend. Hier kann zwischen Personengesellschaften und Kapitalgesellschaften unterschieden werden. Personengesellschaften sind selbst keine juristischen Personen und hängen in ihrer Existenz von den hinter der Gesellschaft stehenden Gesellschaftern ab. Personengesellschaften sind als solche nur in Ausnahmefällen und ab einer gewissen Größe zur Aufstellung eines Jahresabschlusses verpflichtet.

Die wichtigsten Personengesellschaften in Deutschland sind:

- die Gesellschaft bürgerlichen Rechts (GbR),
- die Kommanditgesellschaft (KG) und
- die Offene Handelsgesellschaft (OHG).

Im Gegensatz dazu stehen die Kapitalgesellschaften, die unabhängig von den hinter ihnen stehenden Gesellschaftern existieren und auch als »juristische Personen« (im Gegensatz zu uns Menschen als natürliche Personen) bezeichnet werden. Kapitalgesellschaften sind in der Regel schon allein aufgrund ihrer Rechtsform zur Aufstellung eines Jahresabschlusses verpflichtet. Lediglich in Abhängigkeit von ihrer Größe können sie eventuell einige Erleichterungen bei der Anwendung der Vorschriften in Anspruch nehmen.

Die bedeutendsten Kapitalgesellschaften in Deutschland sind:

- die Gesellschaft mit beschränkter Haftung (GmbH),
- die Aktiengesellschaft (AG) und
- die Europäische Gesellschaft / Societas Europaea (SE).

Auf die verschiedenen Rechnungslegungssysteme, nach denen der Jahresabschluss zu erstellen ist, wurde bereits eingegangen (siehe *Kapitel 1*). Eine Kernfrage bei der Anwendung ist, welche Unternehmen in welchem Umfang diese Vorschriften anzuwenden haben. Bei der Anwendung wird vor allem nach der Größe des Unternehmens unterschieden. Kleinere Unternehmen haben weniger oder gar keine Rechnungslegungsvorschriften zu berücksichtigen, während sehr große Unternehmen jede Vorschrift im Detail beachten und anwenden müssen.

Das deutsche Handelsgesetzbuch (HGB) unterscheidet Kapitalgesellschaften in vier Größenklassen. Für die Einordnung eines Unternehmens in diese Klassen werden drei verschiedene Kriterien herangezogen, von denen mindestens zwei an zwei aufeinanderfolgenden Bilanzstichtagen erfüllt sein müssen, damit ein Unternehmen einer Größenklasse zugeordnet werden kann.

Tabelle 2.1 gibt einen Überblick über die verschiedenen Größenklassen von Kapitalgesellschaften.

	Bilanzsumme	Umsatz	Arbeitnehmer
Kleinstkapitalgesellschaften	bis 350.000 Euro	bis 700.000 Euro	bis 10
Kleine Kapitalgesellschaften	bis 6.000.000 Euro	bis 12.000.000 Euro	bis 50
Mittelgroße Kapitalgesellschaften	bis 20.000.000 Euro	bis 40.000.000 Euro	bis 250
Große Kapitalgesellschaften	über 20.000.000 Euro	über 40.000.000 Euro	über 250

Tabelle 2.1: Größenklassen der Kapitalgesellschaften nach §267 und §267a HGB

Das HGB unterscheidet somit zwischen Kleinstkapitalgesellschaften, kleinen Kapitalgesellschaften, mittelgroßen Kapitalgesellschaften und großen Kapitalgesellschaften.

2.1.2 Prüfungspflicht

Neben der Frage der grundsätzlichen Aufstellung ist auch die Verlässlichkeit und Vertrauenswürdigkeit der Jahresabschlüsse von Interesse.

Daher sind insbesondere größere Unternehmen nicht nur zur Aufstellung eines Jahresabschlusses, sondern auch zu dessen Prüfung verpflichtet. Konkret sind Jahresabschlüsse und Lageberichte von mittelgroßen und großen Kapitalgesellschaften sowie von Konzernen zu prüfen. Zu diesem Zweck müssen prüfungspflichtige Unternehmen einen unabhängigen Abschlussprüfer beauftragen.

Dieser soll sich ein eigenes unabhängiges Bild von der Lage des Unternehmens machen. Im Rahmen der Jahresabschlussprüfung entwickelt der Abschlussprüfer dazu ein Prüfungsprogramm, um die Richtigkeit des Jahresabschlusses beurteilen zu können. Dazu werden verschiedene Stichproben von Geschäftsvorfällen gemacht und auf die korrekte Anwendung der Rechnungslegungsvorschriften geprüft.

Darüber hinaus wird die Organisation der Prozesse und Strukturen des Unternehmens kritisch betrachtet.

Außerdem werden von den wichtigsten Kunden und Lieferanten Saldenbestätigungen über das offene Geschäftsvolumen mit dem Unternehmen eingeholt und mit den Aufzeichnungen des Unternehmens abgeglichen.

Das Ziel der Prüfungshandlungen ist es, dass der Abschlussprüfer mit einer gewissen Sicherheit eine Aussage über die Ordnungsmäßigkeit des vom Unternehmen aufgestellten Jahresabschlusses treffen kann.

Natürlich gibt es keine Garantie dafür, dass die Zahlen in ihrer Gesamtheit absolut richtig sind. Das zeigen allein schon die zahlreichen Bilanzskandale der Vergangenheit. Primäres Ziel der Abschlussprüfung ist es aber nicht, Unternehmen unter Generalverdacht zu stellen und kriminelle Energie zu vermuten. Vielmehr soll durch die Prüfungshandlungen die korrekte Anwendung der bestehenden Vorschriften erreicht und mit hoher Wahrscheinlichkeit sichergestellt werden.

Das Ziel ist es, dem Leser des Jahresabschlusses ein unabhängiges Urteil des Abschlussprüfers als zusätzliche Sicherheit zu geben. Eine eigene Meinungsbildung und eigene Recherchen können dies aber nicht ersetzen.

Die Prüfung des Jahresabschlusses wird vom Abschlussprüfer durch einen Bestätigungsvermerk dokumentiert. Dieser wird umgangssprachlich auch als »Testat« bezeichnet.

Stellt der Abschlussprüfer Beanstandungen fest, die nicht durch Korrekturbuchungen behoben werden können, hat er die Möglichkeit, den Bestätigungsvermerk einzuschränken oder sogar ganz zu versagen.

2.1.3 Offenlegungspflicht

Neben der sehr grundsätzlichen Frage, ob ein Unternehmen überhaupt zur Aufstellung eines Jahresabschlusses verpflichtet ist und dieser geprüft werden muss, stellt sich auch die Frage, inwieweit der aufgestellte Jahresabschluss auch offengelegt werden muss.

Alle Kapitalgesellschaften und Personengesellschaften, die als Großunternehmen gelten, müssen ihren Jahresabschluss offenlegen. Dies geschieht in Deutschland elektronisch über das Unternehmensregister. Allerdings gelten insbesondere für kleine Kapitalgesellschaften Erleichterungen hinsichtlich des Umfangs der offenzulegenden Informationen.

Dennoch ist es möglich, sich über nahezu jedes größere deutsche Unternehmen ein einigermaßen aktuelles Bild zu machen.

Da eine Veröffentlichungspflicht besteht und unterlassene bzw. noch nicht erfolgte, aber fällige Veröffentlichungen sanktioniert werden, sind die aktuellen Zahlen der meisten Unternehmen für jedermann frei zugänglich.

2.1.4 Zwecke der Aufstellungs-, Prüfungs- und Offenlegungspflichten

Die Vorschriften zur Aufstellung, Prüfung und Offenlegung von Jahresabschlüssen dienen mehreren Zwecken.

Zum einen dient die Offenlegungspflicht der Transparenz. Die Unternehmen müssen über ihre Geschäftstätigkeit Rechenschaft ablegen und können sich dieser Pflicht nicht entziehen. Die veröffentlichten Jahresabschlüsse können von jedermann eingesehen werden.

Dies führt unmittelbar dazu, dass Auffälligkeiten und geschäftliche Probleme je nach Größe des Unternehmens schnell an die Öffentlichkeit gelangen. Dieser eher informelle Weg sorgt auch dafür, dass Unternehmen in der Regel darauf achten, korrekte und verlässliche Informationen zu veröffentlichen.

Auch die Prüfungspflicht für größere Unternehmen erhöht die Verlässlichkeit der veröffentlichten Informationen. Durch die Prüfung durch unabhängige Wirtschaftsprüfer wird ein weitestgehend einheitlicher Standard in der Berichterstattung erreicht. Die Unternehmen sind an die Rechnungslegungsvorschriften gebunden, deren Einhaltung durch unabhängige Wirtschaftsprüfer sichergestellt wird.

Die Aufstellungs-, Prüfungs- und Offenlegungspflichten sorgen damit für eine bessere und verlässlichere Information der Adressaten der Jahresabschlüsse.

Diese können sich weitgehend auf die Informationen verlassen und auf dieser Basis eigene Analysen durchführen und Entscheidungen treffen.

Trotz umfangreicher Rechnungslegungsvorschriften gab es in der Vergangenheit immer wieder Fälle, in denen Unternehmen ihre veröffentlichten Zahlen bewusst manipuliert haben. Enron, Flowtex und zuletzt Wirecard sind Skandale, die durch die Presse einer breiten Öffentlichkeit bekannt wurden.

Dies hat zu einer zunehmenden Verschärfung der Rechnungslegungsvorschriften geführt. Durch immer umfangreichere und strengere Regelungen soll die Wahrscheinlichkeit und Möglichkeit einer kriminellen Gestaltung der Unternehmensfinanzen immer weiter eingeschränkt werden.

Absolute Sicherheit wird es aber wohl nie geben. Gegen kriminelle Energie kann auch die umfassendste Regulierung nichts ausrichten.

Eine kritische Auseinandersetzung mit den Zahlen eines Unternehmens ist daher immer geboten. Es gilt, sich selbst ein unabhängiges Bild von der Lage eines Unternehmens zu machen und insbesondere eigene Feststellungen und Interpretationen zu treffen.

2.2 Die Kernbestandteile des Jahresabschlusses

Für die Interpretation der Lage eines Unternehmens sind vor allem drei Bestandteile des Jahresabschlusses von besonderer Bedeutung:

- die Bilanz,
- die Gewinn- und Verlustrechnung und
- die Kapitalflussrechnung.

Zusammen ermöglichen diese drei Berichte ein sehr umfassendes Bild eines Unternehmens. Dabei bietet jedes Instrument einen anderen Blickwinkel auf das Unternehmen und ermöglicht so unterschiedliche Erkenntnisse.

2.2.1 Die Bilanz

Die Bilanz ist das »Herzstück« des Jahresabschlusses und verdient unsere besondere Aufmerksamkeit. Sie ermöglicht den Blick auf das Unternehmen aus zwei Richtungen.

Zum einen gibt die Bilanz Auskunft darüber, welche Vermögenswerte das Unternehmen besitzt. Welche »Assets« stehen dem Unternehmen zur Verfügung, um seine Geschäfte zu betreiben?

Zum anderen gibt die Bilanz auch Auskunft über die Finanzierung des Unternehmens. Woher stammt das Kapital, mit dem die Vermögenswerte des Unternehmens bezahlt wurden?

Wir beschäftigen uns in *Kapitel 3* noch intensiver mit der Bilanz.

2.2.2 Die Gewinn- und Verlustrechnung

Die Gewinn- und Verlustrechnung (kurz auch als »GuV« bezeichnet) ist ein weiterer Bestandteil des Jahresabschlusses. Sie gibt Auskunft über den Erfolg des Unternehmens. Wie verdient das Unternehmen sein Geld? Wie hoch ist der Umsatz mit den Kunden des Unternehmens? Welche Kosten fallen dabei an und müssen getragen werden? Wie wirkt sich die Finanzierung des Unternehmens auf seinen Erfolg aus? Und welche Steuern muss das Unternehmen zahlen?

All diese Fragen beantwortet die Gewinn- und Verlustrechnung und ermöglicht so einen detaillierten Einblick in die Struktur des Unternehmenserfolgs.

Kapitel 4 beschäftigt sich im Detail mit der Gewinn- und Verlustrechnung.

2.2.3 Die Kapitalflussrechnung

Die Kapitalflussrechnung ist der dritte Bericht im Jahresabschluss, der von besonderem Interesse ist. Sie zeigt die verschiedenen Zahlungsströme, die in einem Unternehmen stattfinden. Sie gliedert diese in drei Bereiche, um einen besseren Einblick in die Entwicklung der Liquidität eines Unternehmens zu erhalten.

Die Kapitalflussrechnung ist jedoch nicht immer Bestandteil des Jahresabschlusses nach HGB. Nur kapitalmarktorientierte Einzelgesellschaften und Konzerne sind zur Aufstellung einer Kapitalflussrechnung verpflichtet. Häufiger finden sich Kapitalflussrechnungen jedoch in Lageberichten (siehe dazu auch *Kapitel 6.2*), um die Liquiditätssituation des Unternehmens adäquat darstellen zu können.

Die Liquidität und die Fähigkeit eines Unternehmens, seinen Zahlungsverpflichtungen nachzukommen, sind von besonderer Bedeutung. Denn Unternehmen müssen zu jeder Zeit in der Lage sein, ihren Zahlungsverpflichtungen vollständig und pünktlich nachkommen zu können. Daher ist die Kapitalflussrechnung ein elementares Instrument, dem bei der Analyse eines Unternehmens viel Aufmerksamkeit geschenkt werden sollte.

Wir besprechen die Kapitalflussrechnung detailliert in *Kapitel 5*.

Bilanz, Gewinn- und Verlustrechnung und Kapitalflussrechnung ergeben zusammen ein sehr umfassendes Bild der Lage eines Unternehmens. Sie geben einen detaillierten Einblick in die Geschäftstätigkeit und beleuchten das Unternehmen von allen relevanten Seiten. Damit ermöglichen sie es den Jahresabschluss-Adressaten, sich ein eigenes und umfassendes Bild von der Lage eines Unternehmens machen zu können.

2.3 Bestands- und Stromgrößen

Wenn man sich mit den Finanzdaten eines Unternehmens beschäftigt, ist es hilfreich, zwei Konzepte zu verstehen. Man unterscheidet bei den Finanzdaten zwischen Bestandsgrößen und Stromgrößen. Die Finanzen eines Unternehmens bestehen sowohl aus Bestandsgrößen als auch aus Stromgrößen. Um die Aussagekraft der verschiedenen Zahlen interpretieren zu können, sollte man wissen, welche Zahl in welche Kategorie fällt. Ein Verständnis dieses wichtigen Konzepts hilft bei der Einordnung und Interpretation der bereitgestellten Informationen des Unternehmens.

Tabelle 2.2 gibt einen Überblick über die Relevanz des Konzepts in den drei zentralen Elementen des Jahresabschlusses.

Bilanz	GuV	Kapitalflussrechnung
Bestandsgrößen zu Vermögen und Kapital	Stromgrößen, die die Veränderung des Eigenkapitals durch den Erfolg erläutern	Stromgrößen, die die Veränderung der liquiden Mittel erläutern

Tabelle 2.2: Bestands- und Stromgrößen in Bilanz, GuV und Kapitalflussrechnung

Sehen wir uns das Konzept der Bestands- und Stromgrößen einmal im Detail an.

2.3.1 Bestandsgrößen

Bestandsgrößen zeigen die Höhe einer Finanzkennzahl zu einem bestimmten Zeitpunkt. Beispielsweise ist der Kontostand eines Unternehmens zu einem bestimmten Zeitpunkt eine derartige Bestandsgröße.

Es ist wichtig zu verstehen, dass sich Bestandsgrößen im Laufe der Zeit durch die geschäftlichen Aktivitäten des Unternehmens kontinuierlich ändern. Daher ist der Wert einer Bestandsgröße immer nur für einen bestimmten Zeitpunkt gültig. Wie diese Größe kurz vor und kurz nach dem betrachteten Zeitpunkt aussieht, kann völlig unterschiedlich sein.

Eine gute Metapher zum besseren Verständnis von Bestandsgrößen ist eine Fotografie. Ein Foto zeigt ebenfalls nur einen Moment in der Zeit. Was auf dem Foto zu sehen ist, war nur zum Zeitpunkt der Aufnahme gültig. Auch der fotografierte Ort und die Elemente auf dem Foto sahen vor und nach dem Zeitpunkt der Aufnahme anders aus.

2.3.2 Stromgrößen

Stromgrößen sind das Gegenstück zu den Bestandsgrößen. Sie zeigen die Veränderung einer Bestandsgröße während eines Zeitraums. Sie sind daher ein anderer Datentyp und ermöglichen eine ganz andere Aussage.

Eine Stromgröße für Unternehmen ist beispielsweise der Geldfluss auf einem Bankkonto. Betrug der Kontostand an einem Tag beispielsweise 100.000 Euro und ist am Ende des nächsten Tages auf 95.000 Euro gesunken, so hat sich der Kontostand um 5.000 Euro verringert. Dieser Abfluss von 5.000 Euro ist eine Stromgröße, die sich auf die Veränderung der Bestandsgröße »Kontostand« bezieht.

Um auf die Metapher des Fotos zurückzukommen: Stromgrößen entsprechen eher einem Videofilm. Im Video sehen wir die Veränderung während eines Zeitraums und nicht nur einen einzelnen Zeitpunkt. Wir sehen, wie sich die Personen im Bild verändern und sich Objekte bewegen.

2.3.3 Bestands- und Stromgrößen in den Finanzberichten

Kehren wir zu den drei elementaren Berichten des Jahresabschlusses zurück, so lassen sich auch hier die Begriffe »Bestandsgrößen« und »Stromgrößen« zuordnen.

Die Bilanz als zentrales Berichtsinstrument zeigt die Bestandsgrößen eines Unternehmens zu einem bestimmten Zeitpunkt. Sie zeigt beispielsweise das Vermögen des Unternehmens am Bilanzstichtag. Dieses Vermögen kann einen Tag vorher und einen Tag später völlig anders aussehen. In der Bilanz sehen wir nur den Vermögensstand zum Bilanzstichtag.

Im Gegensatz dazu stehen die Gewinn- und Verlustrechnung und die Kapitalflussrechnung. Beide Berichte zeigen Stromgrößen des Unternehmens.

Die Gewinn- und Verlustrechnung zeigt die Erträge und Aufwendungen eines Unternehmens, die in einer Periode angefallen sind. Diese Periode entspricht in der Regel einem Geschäftsjahr.

Die Kapitalflussrechnung zeigt, wie sich die Geldreserven eines Unternehmens in einer Periode verändert haben. Sie erklärt, wie sich der Bestand an flüssigen Mitteln eines Unternehmens während der Periode verändert hat.

Die Gewinn- und Verlustrechnung und die Kapitalflussrechnung sind somit Berichte, die zwei Bilanzstichtage miteinander verbinden. Sie erklären, wie sich das Unternehmen zwischen den beiden Zeitpunkten verändert hat. Und damit erklären sie auch, wie sich die Bilanzen der beiden Abschlussstichtage verändert haben.

2.4 Zusammenhang zwischen Bilanz, Gewinn- und Verlustrechnung und Kapitalflussrechnung

Wie bereits deutlich wurde, hängen Bilanz, Gewinn- und Verlustrechnung und Kapitalflussrechnung eng miteinander zusammen. Sie beziehen sich aufeinander und stellen die Finanzen eines Unternehmens aus unterschiedlichen Blickwinkeln dar.

Es stellt sich daher die Frage, wie genau diese drei Berichte zusammenhängen. Wo gibt es Überschneidungen? Welche Elemente sind in mehreren Berichten enthalten?

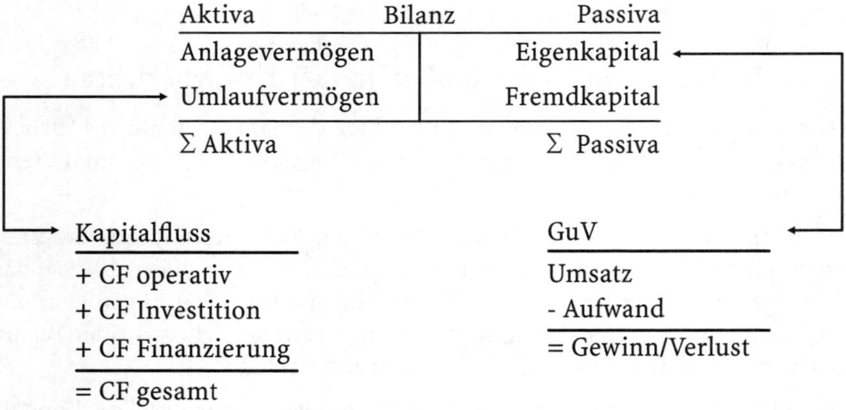

Abbildung 2.1: Zusammenhang von Bilanz, Gewinn- und Verlustrechnung (GuV) und Kapitalflussrechnung

Im Mittelpunkt unserer Betrachtung steht die Bilanz. Sie ist das wichtigste Berichtsinstrument eines Unternehmens, um das sich die anderen Berichte gruppieren. In der Bilanz laufen alle Aktivitäten zusammen und spiegeln sich in den dort ausgewiesenen Bestandsgrößen wider.

Wie Sie bereits gelernt haben, zeigt die Bilanz das Vermögen und das Kapital eines Unternehmens.

Die Gewinn- und Verlustrechnung stellt den Erfolg eines Unternehmens dar. Sie ist eine detaillierte Rechnung über einen zentralen Teil des Eigenkapitals eines Unternehmens. Ein Unternehmen, das erfolgreich ist, erhöht sein Kapital und damit seine finanziellen Möglichkeiten. Wie wir noch sehen werden, erklärt die Gewinn- und Verlustrechnung damit die Veränderung des Eigenkapitals durch die geschäftliche Tätigkeit des Unternehmens.

Die Kapitalflussrechnung hingegen erläutert die Veränderung der liquiden Mittel des Unternehmens. Der Bestand an liquiden Mitteln eines Unternehmens ist ein wichtiger Vermögenswert. Diese werden daher in der Bilanz unter den Aktiva ausgewiesen. Die Kapitalflussrechnung gibt detailliert Auskunft darüber, wie sich diese liquiden Mittel innerhalb einer Berichtsperiode verändert haben. Die Kapitalflussrechnung ist somit auch eine Detailrechnung zu einem wichtigen Bilanzposten.

Die Gewinn- und Verlustrechnung und die Kapitalflussrechnung geben somit einen noch tieferen Einblick in die Bilanz. Sie zeigen auf, wie sich wichtige Bilanzpositionen verändert haben. Genau aus diesem Grund steht die Bilanz im Mittelpunkt der Betrachtung. Sie ist der Dreh- und Angelpunkt der Finanzberichterstattung eines Unternehmens und informiert umfassend über die Lage des Unternehmens zum Bilanzstichtag.

Die Gewinn- und Verlustrechnung und die Kapitalflussrechnung erläutern diesen Zustand im Detail. Sie zeigen auf, was sich seit dem letzten Bilanzstichtag in den zentralen Positionen der Bilanz verändert hat. Diese Detaillierung ermöglicht somit einen tieferen Einblick in die Geschäftstätigkeit eines Unternehmens.

Gewinn- und Verlustrechnung und Kapitalflussrechnung sind aber nicht nur mit der Bilanz, sondern auch eng miteinander verknüpft. Denn der Erfolg des Unternehmens, der in der Gewinn- und Verlustrechnung dargestellt wird, sollte sich auch in Zahlungsströmen niederschlagen. Wenn ein Unternehmen Umsätze mit seinen Kunden tätigt, führt dies ebenfalls zu mehr Geld auf dem Konto. Ebenso sollten Ausgaben des Unternehmens zu Zahlungsabflüssen führen.

Die Gewinn- und Verlustrechnung und die Kapitalflussrechnung haben also eine ähnliche Sicht auf das Unternehmen. Dennoch gibt es Unterschiede.

Denn nicht alle Aktivitäten des Unternehmens, die seinen Erfolg ausmachen, führen unmittelbar zu einem Zahlungsstrom. Dies ist leicht verständlich, wenn man bedenkt, dass Unternehmen ihre Leistungen auf Rechnung verkaufen. Eine Rechnung an Kunden erhöht zwar den Erfolg des Unternehmens, führt aber nicht sofort zu einem Zahlungseingang auf dem Konto.

Genau hier liegt der Unterschied zwischen der Gewinn- und Verlustrechnung und der Kapitalflussrechnung. Die Kapitalflussrechnung baut auf dem Ergebnis der Gewinn- und Verlustrechnung auf, modifiziert dieses aber um die tatsächlichen Zahlungseffekte. So werden Erfolgsbestandteile bereinigt, die noch nicht zu einem Zufluss oder Abfluss von liquiden Mitteln geführt haben.

Darüber hinaus hat ein Unternehmen auch Zahlungsströme, die nicht erfolgswirksam sind und sich daher auch nicht in der GuV zeigen. Selbstverständlich beinhaltet die Kapitalflussrechnung auch diese nicht erfolgswirksamen Effekte im Gegensatz zur GuV.

Damit wird deutlich, dass für eine umfassende Beurteilung eines Unternehmens alle drei Berichte hilfreich sind. Betrachtet man nur einen der Berichte, werden viele Details übersehen. Erst durch die gesamte Analyse und Berücksichtigung aller bereitgestellten Informationen ist es möglich, sich ein vollständiges und unabhängiges Bild vom Zustand eines Unternehmens zu machen.

Im nächsten Teil dieses Buchs werden wir daher jeden der drei Berichte im Detail betrachten, um ein noch besseres Verständnis für die enthaltenen Informationen und die möglichen Erkenntnisse daraus zu entwickeln.

Die zentralen Aussagen des Kapitels

- Unternehmen müssen, abhängig von ihrer Größe und Rechtsform, einen Jahresabschluss erstellen, prüfen lassen und veröffentlichen.
- Der Jahresabschluss besteht mindestens aus einer Bilanz und einer Gewinn- und Verlustrechnung, bei großen Unternehmen auch aus einer Kapitalflussrechnung.
- Die drei Berichte bieten unterschiedliche Perspektiven auf das Zahlenmaterial eines Unternehmens und ermöglichen so einen umfassenden Einblick in die Lage des Unternehmens.
- Die Bilanz enthält Bestandsgrößen, die den Stand einer Finanzkennzahl zu einem bestimmten Zeitpunkt zeigen.

- Gewinn- und Verlustrechnung und Kapitalflussrechnung enthalten dagegen Stromgrößen, die die Veränderung einer Bestandsgröße während einer Periode zeigen.
- Bilanz, Gewinn- und Verlustrechnung und Kapitalflussrechnung sind eng miteinander verknüpft, wobei die Bilanz im Mittelpunkt der Betrachtung steht und die Gewinn- und Verlustrechnung sowie die Kapitalflussrechnung Details zur Veränderung zentraler Bilanzpositionen liefern.

Teil 2

Jahresabschluss

Kapitel 3

Die Bilanz verstehen

Die Bilanz ist der zentrale Bericht im Jahresabschluss eines Unternehmens. Wer die Finanzen eines Unternehmens verstehen und sich ein eigenes Urteil über die Lage des Unternehmens bilden möchte, muss auch die Bilanz verstehen. Nicht umsonst wird der Begriff »Bilanz« häufig als Synonym für den gesamten Jahresabschluss verwendet. Dieser besteht jedoch aus vielen weiteren Bestandteilen, zu denen natürlich auch die Bilanz gehört. Wir werden uns daher zunächst mit diesem zentralen Baustein des betrieblichen Rechnungswesens beschäftigen. Die Bilanz und ihr Verständnis bilden die Grundlage für alle weiteren Ausführungen zu den restlichen Bestandteilen des Jahresabschlusses.

Wie Sie bereits gelernt haben, stellt die Bilanz Bestandsgrößen zu einem bestimmten Zeitpunkt dar. Dieser Zeitpunkt wird als »Bilanzstichtag« bezeichnet. Die Bilanz kann vor und nach diesem Zeitpunkt ganz anders aussehen. Einzelne Größen können andere Werte haben und es können Bestandteile aus der Bilanz verschwinden und neue hinzukommen.

Um die Bilanz zu verstehen, beschäftigen wir uns zunächst mit ihrem Aufbau. Sie lernen die beiden Seiten der Bilanz kennen und verstehen, welche unterschiedlichen Inhalte sie enthalten.

Anschließend beschäftigen wir uns mit den zentralen Positionen der Bilanz. Sie lernen die wichtigsten Bilanzpositionen kennen und entwickeln ein Verständnis dafür, welche Sachverhalte sie beinhalten.

Im weiteren Verlauf des Kapitels werden wir uns außerdem mit zwei zentralen Konzepten beschäftigen, die in engem Zusammenhang mit der Bilanz stehen:

»Working Capital Management« bezieht sich auf zentrale Bilanzpositionen und die tägliche Steuerung dieser Positionen. Damit wird eine Verbindung zwischen dem eher abstrakten Begriff der Bilanz und der täglichen Arbeit eines Unternehmens hergestellt.

Anschließend wird auch auf die Investitionstätigkeit eines Unternehmens eingegangen. Auch hier ist der Bezug zur Bilanz gegeben. Denn die Investitionsgüter, die ein Unternehmen erwirbt, sind wiederum Bestandteil wichtiger Bilanzpositionen. Zudem bilden sie die Grundlage des zukünftigen Erfolgspotenzials eines Unternehmens.

3.1 Zwei Seiten einer Medaille

Die Bilanz eines Unternehmens ist der zentrale Bericht des Jahresabschlusses. Sie zeigt die wichtigsten Bestandsgrößen des Unternehmens.

Die Bilanz hat zwei Seiten. Die eine Seite wird als »Aktivseite«, die andere als »Passivseite« bezeichnet. Positionen auf der Aktivseite werden auch als »Aktiva« bezeichnet, Positionen auf der Passivseite als »Passiva«.

Üblicherweise wird die Bilanz in zwei möglichen Darstellungsformen aufgebaut. Sie kann entweder in Form eines T-Kontos dargestellt werden, bei dem die Aktivseite auf der linken Seite und die Passivseite auf der rechten Seite dargestellt wird.

Eine weitere Darstellungsmöglichkeit der Bilanz ist die Staffelform. Hierbei werden die beiden Seiten der Bilanz untereinander dargestellt. Oben steht zunächst die Aktivseite. Darunter folgt die Passivseite der Bilanz.

Abbildung 3.1 gibt einen Einblick in diesen grundsätzlichen Aufbau der Bilanz in beiden möglichen Darstellungsformen.

Bilanz in T-Konto-Form

Aktiva	Bilanz	Passiva
Anlagevermögen		Eigenkapital
Umlaufvermögen		Fremdkapital
Σ Aktiva		Σ Passiva

Bilanz in Staffelform

Bilanz
Aktiva
Anlagevermögen
Umlaufvermögen
Σ Aktiva
Passiva
Eigenkapital
Fremdkapital
Σ Passiva

Abbildung 3.1: Darstellung der Bilanz in T-Konto- und Staffelform

Beide Seiten der Bilanz sind immer gleich groß. Die Summe der Posten auf der Aktivseite entspricht der Summe der Posten auf der Passivseite. Sie wird auch als »Bilanzsumme« bezeichnet. Aus dieser Tatsache entnimmt die Bilanz auch ihren Namen. Denn die beiden Seiten der Bilanz sind immer ausgeglichen (»in Balance«), also im Gleichgewicht.

Auf der Aktivseite der Bilanz stehen die Vermögenswerte des Unternehmens. Die Vermögensgegenstände des Unternehmens werden deshalb auch als »Aktiva« bezeichnet. Das Unternehmen setzt seine Vermögensgegenstände ein, um sein Geschäft zu betreiben.

Auf der Passivseite hingegen finden sich die verschiedenen Kapitalquellen eines Unternehmens, aus denen es sich finanziert. Abgeleitet von der Passivseite werden diese auch als »Passiva« bezeichnet. Die Passivseite der Bilanz zeigt also, welches Kapital dem Unternehmen für seine Geschäftstätigkeit zur Verfügung steht und aus welchen Quellen es stammt.

Vermögen auf der einen Seite und Kapital auf der anderen Seite stehen also in einer wechselseitigen Beziehung zueinander. Es sollte klar sein, dass die Summe des Gesamtvermögens immer der Summe des Kapitals entsprechen muss, das zur Finanzierung des Vermögens zur Verfügung gestellt wurde.

Die Bilanz zeigt also die beiden Seiten derselben Medaille. Aktiv- und Passivseite zeigen dasselbe Unternehmen, nur eben aus unterschiedlichen Perspektiven.

Die Aktivseite zeigt das Vermögen des Unternehmens. Sie enthält also die Antwort auf die Frage, wofür die dem Unternehmen zur Verfügung stehenden Mittel (das Kapital) verwendet wurden. Man spricht daher auch davon, dass die Aktivseite der Bilanz die »Mittelverwendung« eines Unternehmens zeigt.

Die Passivseite hingegen enthält das Kapital, das aufgebracht wurde, um die Vermögenswerte der Aktivseite zu finanzieren. Sie beantwortet also die Frage, woher die dem Unternehmen zur Verfügung gestellten Mittel (das Kapital) stammen. Man spricht daher auch von der Passivseite der Bilanz als »Mittelherkunft« eines Unternehmens.

3.2 Die Aktivseite verstehen

Sie haben bereits gesehen, dass die Aktivseite der Bilanz die Vermögenswerte eines Unternehmens enthält. Sie zeigt die gesamte Vermögensstruktur des Unternehmens.

Damit beantwortet die Aktivseite der Bilanz die Frage, wofür die dem Unternehmen zur Verfügung gestellten Mittel verwendet wurden (Mittelverwendung).

In der Regel dienen die verschiedenen Vermögenswerte eines Unternehmens dazu, die Geschäftstätigkeit des Unternehmens zu betreiben. Je nach Unternehmen und Geschäftsmodell kann es sich dabei um sehr unterschiedliche Vermögenswerte handeln.

Beispielsweise würde man von einem produzierenden Unternehmen erwarten, dass es über umfangreiche Vermögenswerte im Bereich der Produktion verfügt. Maschinen, Fabrikgebäude und Materialien sollten einen großen Teil der Aktiva eines solchen Unternehmens ausmachen. Bei einem Dienstleistungsunternehmen, wie z.B. einer Unternehmensberatung, würde man dagegen nur wenige »harte« Vermögenswerte erwarten. Der größte Teil der Aktiva eines solchen Unternehmens dürfte in den Forderungen bestehen, die das Unternehmen gegenüber seinen Kunden auf Bezahlung früherer Rechnungen hat.

Grundsätzlich lässt sich sagen, dass ein Unternehmen mithilfe der Vermögenswerte auf der Aktivseite seine Leistungen erstellt und diese an die Kunden des Unternehmens verkauft.

Unternehmen versuchen, mit möglichst wenig Vermögen einen möglichst hohen Ertrag zu erwirtschaften. Im Idealfall findet also eine Optimierung in beide Richtungen statt.

Einerseits versuchen Unternehmen, mit möglichst wenig Vermögen auszukommen. Bei gegebenem Erfolg ist das Unternehmen bestrebt, diesen Erfolg mit möglichst wenig Vermögen zu erreichen. Dies bezeichnet man auch als »Minimalprinzip«.

Auf der anderen Seite versuchen die Unternehmen, mit den gegebenen Aktiva den größtmöglichen Erfolg zu erzielen. Diese Art der Optimierung wird als »Maximalprinzip« bezeichnet.

Zusammenfassend lässt sich sagen, dass für den wirtschaftlichen Erfolg eines Unternehmens ein effektiver und effizienter Umgang mit dem vorhandenen Vermögen unerlässlich ist.

Die Vermögenswerte auf der Aktivseite sind nicht zufällig angeordnet, sondern folgen dem »Liquiditätsprinzip«. Dabei werden die Positionen so angeordnet, dass die Vermögensgegenstände mit der geringsten Liquidierbarkeit weiter oben auf der Aktivseite der Bilanz stehen. Umgekehrt stehen die liquidesten Vermögensgegenstände am Ende der Aktivseite.

3.2.1 Anlage- und Umlaufvermögen

Die Aktivseite gliedert sich in zwei Bereiche: das Anlagevermögen und das Umlaufvermögen. Entsprechend der grundsätzlichen Gliederung der Aktivseite steht das Anlagevermögen an erster Stelle. Es ist am schwierigsten zu liquidieren.

Das Umlaufvermögen steht darunter, weil es in der Regel schneller in Liquidität umgewandelt werden kann.

Aktivseite
A. Anlagevermögen
   I. Immaterielle Vermögensgegenstände
   II. Sachanlagen
   III. Finanzanlagen
B. Umlaufvermögen
   I. Vorräte
   II. Forderungen und sonstige Vermögensgegenstände
   III. Wertpapiere
   IV. Flüssige Mittel

Abbildung 3.2: Gliederung der Aktivseite der Bilanz (vereinfacht)

Das Anlagevermögen umfasst die Vermögensgegenstände eines Unternehmens, die diesem langfristig dienen sollen. Darunter versteht man in der Regel einen Zeitraum von einem Jahr oder länger. Alle Vermögensgegenstände, die voraussichtlich länger als ein Jahr im Unternehmen verbleiben, werden dem Anlagevermögen zugeordnet.

Das Umlaufvermögen umfasst dementsprechend alle Vermögensgegenstände, die dem Unternehmen kurzfristig, d.h. kürzer als ein Jahr, dienen sollen.

Die Summe aus Anlage- und Umlaufvermögen ergibt die Summe des Gesamtvermögens. Diese Summe wird auch als »Bilanzsumme« bezeichnet. Sie ist der Gesamtwert aller Vermögensgegenstände auf der Aktivseite.

3.2.2 Goodwill und immaterielle Vermögensgegenstände

Die erste Position auf der Aktivseite und damit auch die erste Position des Anlagevermögens bilden die immateriellen Vermögensgegenstände eines Unternehmens.

Darunter versteht man alle nicht physischen Vermögenswerte. Nicht physisch oder immateriell bedeutet also, dass diese Vermögenswerte nicht greifbar sind, also dass sie keine Materie haben.

Die Schwierigkeit bei immateriellen Vermögensgegenständen besteht häufig darin, ihren genauen Wert zu beziffern. Daher werden in der Regel nur solche immateriellen Vermögenswerte in der Bilanz ausgewiesen, deren Wert objektiv bestimmt werden kann. Dies ist in der Regel dann der Fall, wenn das Unternehmen diese Vermögenswerte gekauft und nicht selbst geschaffen hat. Bei einem Kauf liegt ein objektiv feststellbarer Wert vor, der sich anhand des gezahlten Kaufpreises leicht ermitteln lässt.

Typische immaterielle Vermögensgegenstände eines Unternehmens sind Patente, Lizenzen oder gewerbliche Schutzrechte. Dabei handelt es sich um Rechte, die es dem Unternehmen ermöglichen, bestimmte Konzepte, Ideen oder Erfindungen in seiner Geschäftstätigkeit zu nutzen.

Diese Rechte verfügen über einen erheblichen Wert. Denn andere Unternehmen, die diese Patente, Lizenz- oder Schutzrechte nicht besitzen, können die dahinterstehenden Ideen nicht nutzen. Das Unternehmen hat also einen Vorteil, einen Mehrwert. Sofern diese Rechte vom Unternehmen erworben wurden, ist der Wert der Rechte objektiv bestimmbar und die Aktiva können daher unter den immateriellen Vermögensgegenständen bilanziert werden.

Goodwill

Ein besonderer immaterieller Vermögenswert ist der »Goodwill«, der häufig auch als »Firmenwert« bezeichnet wird. Goodwill kann entstehen, wenn ein Unternehmen ein anderes Unternehmen erwirbt. Wird bei diesem Kauf ein Preis gezahlt, der den Nettowert des Vermögens des gekauften Unternehmens übersteigt, so entsteht ein Goodwill in Höhe des gezahlten Mehrpreises.

Warum aber sind Unternehmen bereit, für ein anderes Unternehmen mehr zu bezahlen als der Wert seiner Aktiva abzüglich der bestehenden Schulden? Der Grund liegt in den Werten, die nicht in der Bilanz stehen, aber dennoch vorhanden sind. So haben zum Beispiel etablierte und langjährige Kundenbeziehungen einen Wert. Auch die Fähigkeiten und das Wissen der Mitarbeiterinnen und Mitarbeiter sind für ein Unternehmen wichtig. Darüber hinaus tragen effiziente Geschäftsprozesse zum Erfolg eines Unternehmens bei und sind daher wertvoll. Keiner dieser drei Aspekte wird jedoch in der Regel in der Bilanz eines Unternehmens als Vermögenswert ausgewiesen.

Das Problem mit dem Goodwill oder Firmenwert ist, dass er sehr schwer zu ermitteln ist. Niemand kann zuverlässig bestimmen, wie viel die Fähigkeiten der Mitarbeiter oder die Kundenbeziehungen eines Unternehmens wert sind.

Insbesondere Marken, die ein Unternehmen über lange Zeit selbst aufgebaut hat, haben einen enormen Wert. Man denke nur an Coca-Cola, Apple oder Google. Niemand wird bestreiten, dass diese Marken zu den wertvollsten der Welt gehören und dass ein potenzieller Käufer sehr viel Geld bezahlen würde, wenn er die Möglichkeit hätte, eine dieser Marken zu erwerben und nutzen zu können.

Deshalb gilt auch für den Goodwill, dass er nur dann in der Bilanz ausgewiesen wird, wenn ein Kauf stattgefunden hat. In diesem Fall lässt sich objektiv feststellen, wie viel mehr ein Unternehmen für ein anderes Unternehmen bezahlt hat, als an Nettovermögen in der Bilanz ausgewiesen wird.

Dieser Mehrbetrag wird in der Bilanz des erwerbenden Unternehmens als Goodwill unter den immateriellen Vermögensgegenständen ausgewiesen.

3.2.3 Sachanlagen

Der nächste Posten im Anlagevermögen eines Unternehmens ist das Sachanlagevermögen. Im Gegensatz zu den immateriellen Vermögensgegenständen handelt es sich bei den Sachanlagen um materielle Vermögensgegenstände. Aufgrund ihrer Zugehörigkeit zum Anlagevermögen sind Sachanlagen dazu bestimmt, dem Unternehmen langfristig zur Verfügung zu stehen.

Das Sachanlagevermögen umfasst eine Vielzahl von Vermögensgegenständen, wie z.B.

- Grundstücke und Gebäude,
- Maschinen,
- Fahrzeuge,
- Betriebs- und Geschäftsausstattung und
- sonstige technische Anlagen.

Damit umfasst das Sachanlagevermögen genau die Vermögensgegenstände, die man sich typischerweise unter dem Vermögen eines Unternehmens vorstellt.

Sachanlagen spielen in Unternehmen eine zentrale Rolle. Sie werden im täglichen Geschäftsbetrieb eingesetzt, um die Leistungen des Unternehmens zu erstellen. Ein produzierendes Unternehmen nutzt intensiv die unterschiedlichsten Sachanlagen, die sich in seinem Besitz befinden, wie zum Beispiel Maschinen, Werkzeuge, Fabrikgebäude, Gabelstapler, Lagerregale, Verpackungsmaschinen oder Lastkraftwagen.

Sachanlagen sind daher für produzierende Unternehmen von herausragender Bedeutung. Sie stellen den Kern der Geschäftstätigkeit dar und sind elementar, um die Produkte des Unternehmens herstellen zu können. Mithilfe der Sachanlagen wird die betriebliche Leistung in solchen Unternehmen überhaupt erst ermöglicht.

Dienstleistungsunternehmen sind dagegen weniger stark durch Sachanlagen geprägt. Für die Erbringung einer Dienstleistung ist in der Regel kein umfangreiches Sachanlagevermögen erforderlich. Dennoch setzen auch typische Dienstleister wie Friseure, Banken oder Handwerker verschiedene Sachanlagen in ihrem Geschäftsbetrieb ein. Die Ladeneinrichtung eines Friseursalons oder die Werkzeuge eines Handwerksbetriebes gehören natürlich zum Anlagevermögen. Im Vergleich zu einem produzierenden Unternehmen mit großen Fabriken dürfte der Wert dieser Sachanlagen jedoch verschwindend gering sein.

Maschinen, Fahrzeuge, Computer und Büromöbel unterliegen durch ihre Nutzung und im Laufe der Zeit einem Verschleiß. Sie verlieren mit der Zeit an Wert und müssen je nach Anlagegut nach einigen Jahren ersetzt werden. Auch der technische Fortschritt macht es von Zeit zu Zeit notwendig und sinnvoll, in den Ersatz von Sachanlagen zu investieren. Auch wenn ein Unternehmen seine Geschäftstätigkeit ausweiten will, wird es in neue zusätzliche Sachanlagen investieren.

Wir werden uns daher später in diesem Kapitel (in *Abschnitt 3.5*) näher mit der Investitionstätigkeit eines Unternehmens befassen.

3.2.4 Finanzanlagen

Die dritte große Position des Anlagevermögens sind die Finanzanlagen eines Unternehmens. Dabei handelt es sich um reine Geldanlagen des Unternehmens, die nicht im direkten Zusammenhang mit der Leistungserstellung des Unternehmens stehen. Das Ziel ist die Erzielung einer Rendite auf das eingesetzte Kapital, jedoch nicht die Stärkung der eigenen betrieblichen Tätigkeit durch den Vermögenswert.

Die häufigste Form der Finanzanlage eines Unternehmens ist die Beteiligung an anderen Unternehmen. Je nach Umfang der Investition spricht man entweder von Beteiligungen oder von Anteilen an verbundenen Unternehmen. Für die Einstufung gibt es keine strengen Kriterien, jedoch wird in der Regel bis zu einem Eigentumsanteil von 20% an einem anderen Unternehmen von einer Beteiligung ausgegangen.

Eine weitere häufig anzutreffende Form der Finanzinvestition sind Ausleihungen an andere Unternehmen. Nicht nur Banken, sondern auch Unternehmen können Kredite vergeben. Meist geschieht dies in einem großen Konzern, in dem ein Konzernunternehmen mit überschüssiger Liquidität einem anderen Konzernunternehmen mit Liquiditätsbedarf ein Darlehen gewährt. Auf diese Weise kann die im Konzern vorhandene Liquidität effizienter genutzt werden und die Notwendigkeit, weitere Kredite bei Banken aufzunehmen, entfällt oder verringert sich.

Bei dem Unternehmen, das ein langfristiges Darlehen gewährt, handelt es sich in einem solchen Fall um eine Finanzanlage, die unter den langfristigen Vermögenswerten auszuweisen ist.

In Konzernabschlüssen sind Finanzanlagen eher selten anzutreffen. Dies ist darauf zurückzuführen, dass es sich hierbei in vielen Fällen um finanzielle Verflechtungen zwischen Konzernunternehmen handelt. Werden die Abschlüsse der zum Konzern gehörenden Unternehmen zu einem Konzernabschluss zusammengefasst, verschwinden solche konzerninternen Verflechtungen. Sie werden »konsolidiert«. Das liegt daran, dass man bei einem Konzern von der »Einheitsfiktion« ausgeht und ihn so behandelt, als wäre er nur ein einzelnes rechtlich selbständiges Unternehmen. Geschäfte mit sich selbst werden in den Konzernzahlen nicht berücksichtigt. Lediglich kleinere Beteiligungen an anderen Unternehmen, die wegen ihrer Geringfügigkeit nicht in die Konsolidierung einbezogen werden, verbleiben im Konzernabschluss. Gleiches gilt für Ausleihungen an konzernfremde Unternehmen.

Langfristig gehaltene Wertpapiere werden ebenfalls unter den Finanzanlagen ausgewiesen. Denn neben der Investition in andere Unternehmen oder der Vergabe von Darlehen können Unternehmen nicht betriebsnotwendiges Kapital auch in Wertpapieren anlegen und so Aktien, Anleihen oder andere Wertpapiere in einem Depot halten.

3.2.5 Vorräte

Die Vorräte eines Unternehmens sind eine der wichtigsten Positionen des kurzfristigen Umlaufvermögens und dazu bestimmt, dem Unternehmen kurzfristig zu dienen. In der Regel werden die Vorräte eines Unternehmens mehrmals im Jahr vollständig umgeschlagen.

Die Vorräte eines Unternehmens umfassen verschiedene Güter, die alle dazu bestimmt sind, vom Unternehmen an Kunden verkauft zu werden oder zu verkaufsfähigen Produkten umgewandelt zu werden. Sie können in vier Kategorien unterteilt werden:

- Materialien
- Halberzeugnisse
- Fertigerzeugnisse
- Handelswaren

Materialien

Zu den Materialien eines Unternehmens gehören Güter, die vom Unternehmen weiterverarbeitet werden. Sie sind noch keine verkaufsfähigen Produkte, werden aber zur Herstellung dieser verkaufsfähigen Produkte verwendet.

Materialien lassen sich weiter unterteilen in

- Rohstoffe,
- Hilfsstoffe und
- Betriebsstoffe.

Rohstoffe sind alle Materialien, die den Kern der hergestellten Produkte bilden. Bei einem Tischler, der an einem Tisch arbeitet, wäre das vor allem das dafür verwendete Holz.

Hilfsstoffe sind ebenfalls Bestandteil der hergestellten Produkte, nehmen aber im Vergleich zu den Rohstoffen eine untergeordnete Stellung ein. Im Fall des Tisches wären dies der verwendete Leim oder die Schrauben und Nägel, mit denen die einzelnen Teile des fertigen Tisches zusammengehalten werden.

Betriebsstoffe sind nicht Bestandteil des hergestellten Produkts, werden aber dennoch im Produktionsprozess verbraucht. Ein Beispiel ist das Öl, mit dem die Maschinen in der Tischlerei geschmiert werden.

Halberzeugnisse

Halberzeugnisse sind Bestandteile von Endprodukten, die bereits Verarbeitungsschritte im Unternehmen durchlaufen haben, aber noch keine verkaufsfertigen Produkte darstellen. Um bei unserem Beispiel zu bleiben, wäre dies die fertige Tischplatte, die bereits in der Tischlerei bearbeitet wurde, aber ohne Tischbeine noch keinen fertigen Tisch darstellt.

Fertigerzeugnisse

Erst wenn ein Produkt vollständig hergestellt und verkaufsfertig ist, zählt es zu den Fertigerzeugnissen. Es handelt sich dabei um Produkte, die für den Verkauf bestimmt sind und vom Unternehmen selbst hergestellt wurden.

Handelswaren

Ein Unternehmen muss jedoch nicht jedes Produkt, das es verkauft, selbst hergestellt haben. Es kann auch verkaufsfertige Produkte von Lieferanten beziehen und diese unverändert mit einem Aufschlag an seine Kunden weiterverkaufen. In diesem Fall spricht man nicht von Fertigerzeugnissen, sondern von Handelswaren.

Für produzierende Unternehmen ist es sinnvoll, Handelswaren in ihr Lager aufzunehmen. Insbesondere bei Zubehörteilen kann es sinnvoll sein, diese einzukaufen, anstatt sie selbst herstellen zu wollen. Der Einsatz von Handelswaren ist auch dann sinnvoll, wenn ein Unternehmen sein Produktportfolio erweitern und abrunden möchte, aber z.B. aus Kostengründen nur die höherwertigen Produkte selbst herstellt und die preiswerteren Produkte von externen Lieferanten bezieht.

Es gibt aber auch Unternehmen, die gar nicht produzieren und ausschließlich auf Handelswaren setzen. Eine Art von Unternehmen, mit denen wir alle regelmäßig zu tun haben, sind Supermärkte oder Einzelhandelsgeschäfte.

Unternehmen, die für ihre Geschäftstätigkeit auf große Lagerbestände angewiesen sind, werden daher viel Zeit und Mühe darauf verwenden, diese auf einem möglichst optimalen Niveau zu halten. Das liegt daran, dass alle Vorräte teuer eingekauft wurden und daher viel Kapital des Unternehmens in ihnen gebunden ist. Daher sind Unternehmen stets bestrebt, ihre Lagerbestände so gering wie möglich zu halten, ohne das Risiko einzugehen, längere Zeit nicht lieferfähig zu sein. Je geringer die Lagerbestände sind, desto weniger Kapital wird zu ihrer Finanzierung benötigt. Nicht benötigtes Kapital muss also gar nicht erst aufgenommen werden oder kann in wertschöpfende Investitionen fließen.

Zudem unterliegen Lagerbestände einem nicht unerheblichen Risiko. Gerade bei elektronischen Bauteilen schreitet der technische Fortschritt schnell voran. Überhöhte Bestände an elektronischen Bauteilen können innerhalb kürzester Zeit veralten und nicht mehr verwendet oder verkauft werden. Auch Waren, die nur eine kurze Haltbarkeit haben und verderben können, stellen ein nennenswertes Risiko für Unternehmen dar. Daher ist der Lagerhaltung besondere Aufmerksamkeit zu schenken.

3.2.6 Forderungen aus Lieferung und Leistung

Die nächste wichtige Position im Umlaufvermögen sind die Forderungen aus Lieferungen und Leistungen (Forderungen LuL). Darunter versteht man den Anspruch des Unternehmens gegenüber seinen Kunden, für eine bereits erbrachte Leistung bezahlt zu werden.

Forderungen aus Lieferungen und Leistungen entstehen daher bei Unternehmen, die ihre Leistungen auf Rechnung verkaufen. Ein Produkt wird geliefert oder eine Dienstleistung erbracht und in Rechnung gestellt, die Bezahlung erfolgt jedoch erst zu einem späteren Zeitpunkt. Unternehmen, bei denen die Leistungserbringung und die Bezahlung durch den Kunden zum gleichen Zeitpunkt erfolgen, werden nur selten hohe Forderungen aus Lieferungen und Leistungen ausweisen.

Ein Beispiel, das wir alle kennen, ist der Einzelhandel. Wenn wir neue Schuhe kaufen, bezahlen wir sie direkt im Geschäft. Leistung und Bezahlung fallen also zusammen und es entsteht keine Forderung für das Schuhgeschäft.

Ein wesentlicher Faktor, der die Höhe der Forderungen LuL eines Unternehmens bestimmt, sind die den Kunden gewährten Zahlungsbedingungen. Insbesondere Unternehmen vereinbaren untereinander, wie viele Tage nach Rechnungseingang die Zahlung zu erfolgen hat. Eine typische Zahlungsbedingung ist beispielsweise »14 Tage netto«. Eine Rechnung mit dieser Zahlungsbedingung ist also 14 Tage nach Erhalt ohne weitere Abzüge fällig.

Um ihren Kunden einen Anreiz zur früheren Zahlung zu geben, gewähren Unternehmen jedoch auch einen Abzug für die frühere Zahlung. Dieser Abzug wird als »Skonto« bezeichnet und in Prozent des Nettorechnungsbetrags ausgedrückt. Eine solche Zahlungsbedingung könnte beispielsweise lauten: »7 Tage 2% Skonto, 30 Tage netto«. Der Kunde hat dann die Wahl, ob er innerhalb von 7 Tagen bezahlt und dabei 2% Skonto abziehen kann oder ob er sich 30 Tage Zeit lässt und dann auf den Skontoabzug verzichtet.

Neben den Zahlungsbedingungen bestimmt aber auch das Geschäftsvolumen die Höhe der Forderungen: je höher der Umsatz, desto höher die Forderungen.

Auch Forderungen unterliegen einem gewissen Risiko, ähnlich wie Vorräte. So kann ein Unternehmen nie zu 100% sicher sein, dass es für bereits erbrachte Leistungen auch bezahlt wird. Meldet sein Kunde nach erbrachter Leistung, aber vor Bezahlung einer offenen Rechnung, Insolvenz an, so ist die Forderung gegenüber diesem Kunden gefährdet und kann unter Umständen nicht vollständig oder gar nicht eingebracht werden.

Um diesem Risiko zu begegnen, widmen Unternehmen dem Forderungsmanagement große Aufmerksamkeit. Das Ziel ist es, die Forderungsausfälle so gering wie möglich zu halten und darüber hinaus die pünktliche Zahlung der Kunden sicherzustellen. Sobald ein Kunde in Zahlungsverzug gerät, wird der Kontakt gesucht, um den Kunden zur Zahlung zu bewegen, das Risiko besser einschätzen zu können und im Zweifelsfall weitere Maßnahmen einzuleiten.

3.2.7 Flüssige Mittel

Eine weitere wichtige Position des Umlaufvermögens sind die flüssigen Mittel eines Unternehmens. Dazu zählen alle Sichteinlagen des Unternehmens bei seinen Banken sowie eventuell vorhandene Bargeldbestände in Kassen und Tresoren.

Aus den liquiden Mitteln werden die laufenden Ausgaben des Unternehmens sowie langfristige Investitionen in das Unternehmen bezahlt.

Sie sind ebenfalls von zentraler Bedeutung, denn ein Unternehmen muss jederzeit in der Lage sein, allen finanziellen Verpflichtungen vollständig und pünktlich nachzukommen. Gelingt dies nicht, ist das Unternehmen zahlungsunfähig. Die Geschäftsführung ist dann verpflichtet, beim zuständigen Amtsgericht ein Insolvenzverfahren zu eröffnen.

Daher kommt dem Liquiditätsmanagement eine besondere Bedeutung zu. Ein Unternehmen sollte daher über ausreichende Reserven verfügen, um ausbleibende Zahlungseingänge von Kunden verkraften und unvorhergesehene Ausgaben begleichen zu können.

Dies sollte jedoch nicht dazu führen, dass übermäßige Bestände an Bankguthaben und Bargeld unproduktiv herumliegen. Eine gesunde Balance zwischen Liquiditätspuffern und einem effizienten Umgang mit der knappen Ressource »Liquidität« ist angebracht.

3.3 Die Passivseite verstehen

Die Passivseite der Bilanz ist das Gegenstück zur Aktivseite und zeigt das Unternehmen aus einer anderen Perspektive. Sie enthält nicht das Vermögen des Unternehmens, sondern zeigt, mit welchen Mitteln das Vermögen finanziert wurde. Die Passivseite gibt somit einen Überblick über die Kapitalstruktur des Unternehmens.

Die Passivseite beantwortet die Frage, woher die finanziellen Mittel stammen, mit denen die Vermögenswerte auf der Aktivseite finanziert wurden. Sie zeigt somit die Mittelherkunft des Unternehmens.

Ein Unternehmen benötigt für seine Geschäftstätigkeit viel Kapital. Es muss in Anlagevermögen investieren, das dem Unternehmen über einen längeren Zeitraum dient. Es muss Vorräte anlegen, mit denen es seine Produkte herstellen und aus denen es seine Lieferungen tätigen kann. Darüber hinaus muss ein Unternehmen über Kapital verfügen, um den Zeitraum zwischen der Leistungserbringung und der Bezahlung durch den Kunden zu überbrücken. Das

Unternehmen muss in der Lage sein, das für diese verschiedenen Aktivitäten erforderliche Kapital zu beschaffen.

Ein Unternehmen ist daher bestrebt, den Kapitalbedarf so gering wie möglich zu halten. Je weniger Kapital benötigt wird, desto leichter ist es zu beschaffen. Außerdem fallen weniger Zinsen an, wenn das Unternehmen einen Teil des Kapitals beispielsweise bei Banken leihen muss.

Für ein Unternehmen geht es also darum, auf der Passivseite der Bilanz eine möglichst ausgewogene Kapitalstruktur zu erreichen. Diese sollte einen ausgewogenen Mix aus verschiedenen Kapitalquellen enthalten, die das Unternehmen sicher finanzieren und selbst kein übermäßiges Risiko darstellen.

Auch die Passivseite wird nach dem Liquiditätsprinzip gegliedert. Dabei stehen Positionen, die dem Unternehmen dauerhaft zur Verfügung stehen, weit oben. Kapital, das in absehbarer Zeit zurückgezahlt werden muss, steht weiter unten auf der Passivseite der Bilanz.

Passivseite
A. Eigenkapital
B. Rückstellungen
C. Verbindlichkeiten

Abbildung 3.3: Gliederung der Passivseite der Bilanz (vereinfacht)

3.3.1 Eigen- und Fremdkapital

Die Passivseite der Bilanz lässt sich zunächst grob in zwei Bereiche unterteilen: Zum einen enthält sie das Eigenkapital und zum anderen das Fremdkapital.

Das Eigenkapital umfasst die finanziellen Mittel des Unternehmens, die den Eigentümern des Unternehmens zuzurechnen sind. Dieses Eigenkapital steht dem Unternehmen dauerhaft und unbefristet zur Verfügung und muss daher in der Regel nicht ausgezahlt werden. Es steht daher ganz oben auf der Passivseite der Bilanz.

Demgegenüber steht das Fremdkapital, das alle finanziellen Mittel umfasst, die von Parteien zur Verfügung gestellt werden, die nicht zu den Eigentümern des Unternehmens zählen.

Das Fremdkapital wird umgangssprachlich auch als »Schulden des Unternehmens« bezeichnet, da das Unternehmen gegenüber diesen Kapitalgebern eine Rückzahlungsverpflichtung hat. Fremdkapital steht dem Unternehmen nur auf Zeit zur Verfügung und muss früher oder später zurückgezahlt werden.

Gleichzeitig ist die Höhe der Schulden eines Unternehmens im Regelfall fixiert. Es ist meist bekannt, in welcher Größenordnung das Unternehmen das zur Verfügung gestellte Fremdkapital zurückzahlen muss.

Aus diesem Grund kann die Höhe des Eigenkapitals auch als Differenz zwischen der Summe aller Vermögenspositionen abzüglich der Schulden berechnet werden. Das Eigenkapital wird daher häufig auch als »Residualvermögen« oder »Reinvermögen« bezeichnet. Es stellt das Nettovermögen der Unternehmenseigner dar, das übrigbleibt, wenn alle Schulden des Unternehmens beglichen sind.

Das Fremdkapital kann wiederum in langfristiges und kurzfristiges Fremdkapital unterteilt werden. Auch hier wird in der Regel der Zeitraum von einem Jahr als Unterscheidungskriterium herangezogen. Kapital, das dem Unternehmen länger als ein Jahr zur Verfügung steht, gilt als langfristig. Das kurzfristige Fremdkapital umfasst somit alle Verbindlichkeiten eines Unternehmens, die innerhalb der nächsten zwölf Monate vom Unternehmen zu begleichen sind.

3.3.2 Eigenkapital

Das Eigenkapital umfasst das von den Unternehmenseigentümern zur Verfügung gestellte Kapital. Es steht dem Unternehmen in der Regel dauerhaft zur Verfügung und unterliegt keiner Rückzahlungsverpflichtung. Das Unternehmen kann also dauerhaft mit dem Eigenkapital arbeiten.

Das Eigenkapital lässt sich grob in folgende Bestandteile unterteilen:

- gezeichnetes Kapital
- Kapitalrücklage
- Gewinnrücklage

Gezeichnetes Kapital

Das gezeichnete Kapital ist das ursprünglich von den Eigentümern in das Unternehmen eingebrachte Kapital. Es wurde in der Regel bei der Gründung des Unternehmens von den Gründungsgesellschaftern eingezahlt oder in Form von Sacheinlagen in das Unternehmen eingebracht.

Kapitalrücklage

Die Kapitalrücklage entsteht vor allem dann, wenn über die erforderliche Mindesteinlage des Stammkapitals hinaus weiteres Kapital von den Eigentümern in das Unternehmen eingebracht wird. Dies muss nicht bei der Gründung geschehen, sondern kann auch zu einem späteren Zeitpunkt im Rahmen einer Kapitalerhöhung erfolgen.

Gewinnrücklage

Darüber hinaus verändert ein Unternehmen das Eigenkapital laufend durch seine wirtschaftliche Tätigkeit. Gewinne erhöhen das Eigenkapital, während Verluste es wieder reduzieren.

Beispielsweise können Unternehmen über einen längeren Zeitraum durch regelmäßige Gewinne, die im Unternehmen verbleiben, eine Gewinnrücklage aufbauen. Aber auch ein Verlustvortrag ist möglich, der entsteht, wenn ein Unternehmen über den Zeitraum seiner gesamten Tätigkeit insgesamt Verluste erwirtschaftet hat. Das Ergebnis des letzten Geschäftsjahres wird ebenfalls unter den Ergebnispositionen des Eigenkapitals ausgewiesen.

Die Eigentümer eines Unternehmens treten mit ihren Zahlungsansprüchen gegenüber dem Unternehmen hinter die Fremdkapitalgeber zurück. Erst wenn alle Ansprüche der Fremdkapitalgeber vollständig bedient sind, können die Eigentümer Kapital aus dem Unternehmen entnehmen. Man spricht deshalb auch vom Residualeinkommen. Nur der Ertrag, der nach Abzug der Ansprüche der Fremdkapitalgeber übrigbleibt, steht den Eigentümern des Unternehmens zu.

Aus diesem Grund gilt das Eigenkapital eines Unternehmens aus Sicht der Kapitalgeber als besonders risikobehaftet. Für die Übernahme dieses erhöhten unternehmerischen Risikos erwarten die Eigenkapitalgeber eines Unternehmens eine höhere Rendite auf ihr Kapital.

Das Eigenkapital des Unternehmens unterliegt aufgrund der Geschäftstätigkeit einer ständigen Veränderung. Jeder Geschäftsvorfall, der sich in der Gewinn- und Verlustrechnung (siehe *Kapitel 4*) niederschlägt, verändert das Eigenkapital. Die Gewinn- und Verlustrechnung stellt somit eine detaillierte Rechnung über die Veränderung des Eigenkapitals aus geschäftlicher Tätigkeit eines Unternehmens dar.

Neben der reinen Geschäftstätigkeit kann sich das Eigenkapital aber auch durch Zahlungen mit den Eigentümern verändern.

So können die Eigentümer im Rahmen von Kapitalerhöhungen frisches, neues Kapital in das Unternehmen einbringen. Darüber hinaus kann das Unternehmen seine Gewinne ganz oder teilweise ausschütten und damit das Eigenkapital reduzieren. Diese Veränderungen des Eigenkapitals durch Kapitalerhöhungen oder Gewinnausschüttungen sind jedoch erfolgsneutral und schlagen sich daher nicht in der Gewinn- und Verlustrechnung nieder.

3.3.3 Rückstellungen

Die Rückstellungen sind der zweite große Posten auf der Passivseite der Bilanz. Sie gehören zum Fremdkapital des Unternehmens.

Rückstellungen sind daher als Schulden des Unternehmens anzusehen und stellen Zahlungsverpflichtungen des Unternehmens gegenüber Dritten dar. Allerdings sind diese Zahlungsverpflichtungen bei den Rückstellungen nicht sicher. Man spricht deshalb auch von Eventualverbindlichkeiten des Unternehmens. Das Unternehmen kann in der Zukunft eine Zahlungsverpflichtung haben, die in verschiedener Hinsicht ungewiss ist.

Eine Rückstellung kann im Wesentlichen aus drei Gründen als ungewiss angesehen werden:

- Es kann insgesamt unsicher sein, ob die Zahlungsverpflichtung überhaupt eintreten wird.
- Die Höhe der Zahlungsverpflichtung kann nicht exakt bestimmt werden.
- Der Zeitpunkt der Zahlung ist nicht genau bekannt.

Es kann sein, dass die *Zahlungsverpflichtung überhaupt nicht eintritt* und daher »dem Grunde nach« ungewiss ist. Ein Beispiel hierfür sind mögliche Verpflichtungen eines Unternehmens aus Gewährleistung oder Garantie. Ein Unternehmen, das seinen Kunden eine Garantie für seine Produkte gewährt, kann nicht mit Sicherheit sagen, ob eine einzelne Garantie für ein Produkt überhaupt in Anspruch genommen wird.

Ein weiterer Grund für die Unsicherheit einer Rückstellung ist die *Höhe der Zahlungsverpflichtung*. Selbst wenn es als sicher anzusehen ist, dass ein Unternehmen zu einer Zahlung an einen Dritten verpflichtet ist, kann die Höhe dieser Zahlung ungewiss sein. Wenn ein Unternehmen beispielsweise in einen Rechtsstreit verwickelt ist und es überwiegend wahrscheinlich ist, dass es zu einem Urteil gegen das Unternehmen kommen wird, kann die Höhe der daraus resultierenden Zahlungsverpflichtung bis zum Urteil ungewiss sein.

Die dritte Möglichkeit, warum eine Rückstellung unsicher sein kann, ist der *Zeitpunkt der Zahlung*. Es ist zwar bekannt, dass ein Unternehmen eine Zahlung leisten muss und auch die Höhe ist bekannt, aber es ist nicht sicher, wann genau diese Zahlungsverpflichtung eintritt. Auch hier kann eine Garantie als Beispiel herangezogen werden. Es kann erfahrungsgemäß als sicher gelten, dass ein Unternehmen im Rahmen von Gewährleistungen Zahlungen an seine Kunden in einer bestimmten Höhe leisten muss. Da aber die Einzelfälle noch nicht bekannt sind, ist der Zeitpunkt der einzelnen Zahlungen als unsicher anzusehen.

Pensionsrückstellungen

Eine insbesondere in Deutschland bedeutsame Rückstellungsart sind die Pensionsrückstellungen. Pensionsrückstellungen sind Zahlungsverpflichtungen gegenüber Mitarbeitern auf Zahlung einer Pension. Je nach Ausgestaltung der Pension kann deren Höhe oder die Verpflichtung dem Grunde nach ungewiss sein. Denn aus heutiger Sicht kann nicht genau gesagt werden, wie lange ein ehemaliger Mitarbeiter seine Pension tatsächlich beziehen wird. Verstirbt der Mitarbeiter früher als erwartet, muss das Unternehmen weniger an ihn zahlen. Umgekehrt ist es möglich, dass ein Mitarbeiter ein besonders langes Leben genießt und daher seine Pension wesentlich länger bezieht als angenommen.

Aufgrund der Komplexität und der besonderen Bedeutung wird die Höhe der Pensionsrückstellungen jährlich gutachterlich ermittelt. Dabei werden amtliche Sterbetafeln und Annahmen zur Gehalts- und Zinsentwicklung zugrunde gelegt. Zum Zweck der Bewertung dieser Rückstellungen lassen die Unternehmen versicherungsmathematische Gutachten erstellen.

Steuerrückstellungen

Eine weitere häufige Position sind die Steuerrückstellungen des Unternehmens gegenüber dem Finanzamt. Insbesondere dann, wenn noch kein Steuerbescheid vorliegt, ist die Höhe der zu zahlenden Steuern als unsicher anzusehen. Um dieser nur der Höhe nach ungewissen Zahlungsverpflichtung Rechnung zu tragen, bilden Unternehmen Steuerrückstellungen.

Weitere Rückstellungen

Es gibt verschiedene weitere Gründe, aus denen Unternehmen Rückstellungen bilden, um zukünftigen ungewissen Zahlungsverpflichtungen Rechnung zu tragen. Dazu gehören zum Beispiel

- Urlaubsrückstellungen und Rückstellungen aus Arbeitszeitkonten,
- Rückstellungen für Prozessrisiken und
- Rückstellungen für Steuerberatungs- und Jahresabschlusskosten.

3.3.4 Langfristige Verbindlichkeiten

Langfristige Verbindlichkeiten sind im Gegensatz zu Rückstellungen in jeder Hinsicht sichere Zahlungsverpflichtungen des Unternehmens. Sie sind weder dem Grunde, noch der Höhe, noch dem Zeitpunkt nach ungewiss.

Langfristige Verbindlichkeiten stellen für viele Unternehmen eine wichtige Finanzierungsquelle dar. Zu den wichtigsten langfristigen Verbindlichkeiten zählen Darlehen, die das Unternehmen bei Banken aufnimmt, oder Fremdkapital, das über den Kapitalmarkt in Form von Anleihen aufgenommen wird.

Unternehmen leihen sich Geld bei Banken oder am Kapitalmarkt, um ihre Aktivitäten zu finanzieren. Damit verbunden ist das Versprechen des Unternehmens, das geliehene Geld vollständig zurückzuzahlen und darüber hinaus Zinsen zu zahlen. Die Zahlungsverpflichtung steht also von vornherein fest, in den meisten Fällen auch die volle Höhe und die einzelnen Zahlungszeitpunkte.

Je nach Zinsumfeld und Unternehmenssituation können Kredite und Anleihen eine kostengünstige Quelle für zusätzliches Kapital sein. Dieses Kapital kann für Investitionen in das Anlagevermögen oder für Wachstumsinitiativen verwendet werden.

Diese Art von Fremdkapital ist jedoch auch mit einem gewissen Risiko verbunden. Aufgrund der festen Zahlungsverpflichtungen muss ein Unternehmen definierte Zahlungen für die Rückzahlung des aufgenommenen Kapitals und der Zinsen leisten. Dabei ist es unerheblich, ob sich das Unternehmen zum Zeitpunkt der Zahlung in einer schwierigen Phase befindet.

Aus diesem Grund sollten Unternehmen nicht zu viel Fremdkapital aufnehmen. Je mehr Fremdkapital aufgenommen wird, desto höher sind die Zahlungsverpflichtungen, die mit Sicherheit erfüllt werden müssen.

Dennoch sind Kredite und Anleihen eine attraktive Finanzierungsquelle für Unternehmen. Denn sie kosten im Vergleich zum Eigenkapital relativ weniger Zinsen und eröffnen dem Unternehmen damit weitere Wachstumsmöglichkeiten, die allein mit Eigenkapital nicht finanzierbar wären.

3.3.5 Verbindlichkeiten aus Lieferung und Leistung

Verbindlichkeiten aus Lieferungen und Leistungen (Verbindlichkeiten LuL) gehören zu den kurzfristigen Verbindlichkeiten eines Unternehmens. Sie bilden das Gegenstück zu den Forderungen aus Lieferungen und Leistungen, die auf der Aktivseite der Bilanz im Umlaufvermögen ausgewiesen werden.

Allerdings steht das Unternehmen hier nicht im Verhältnis zu seinen Kunden. Vielmehr handelt es sich um eine Zahlungsverpflichtung des Unternehmens gegenüber seinen Lieferanten. Das Unternehmen selbst befindet sich hier also in der Kundenposition.

Entsprechend der Forderungen LuL entstehen die Verbindlichkeiten LuL, wenn das Unternehmen bei seinen Lieferanten auf Rechnung einkauft. Das Unternehmen hat die gekauften Waren bereits erhalten oder eine Dienstleistung in Anspruch genommen, aber die entsprechende Rechnung noch nicht beglichen.

Die Verbindlichkeiten LuL stellen somit für Unternehmen eine zentrale Finanzierungsquelle für das Tagesgeschäft dar. Unternehmen können mit den erhaltenen Waren bereits arbeiten, müssen diese aber erst zu einem späteren Zeitpunkt bezahlen. Bis dahin finanziert der Lieferant dem Unternehmen einen Teil des täglichen Geschäftsbetriebs. Der große Vorteil der Verbindlichkeiten aus Lieferungen und Leistungen ist, dass auf diese Finanzierungsquelle zumindest explizit keine Zinsen gezahlt werden müssen.

Die Finanzierung über Verbindlichkeiten aus Lieferungen und Leistungen ist für die Unternehmen jedoch nur auf den ersten Blick zinsfrei. Natürlich berücksichtigen die Lieferanten diesen Finanzierungsaspekt in ihrer Preisgestaltung. Auch wenn explizit keine Zinsen für die Finanzierung anfallen, sind diese zumindest implizit in den Einkaufskonditionen enthalten.

Neben dem Einkaufsvolumen wird auch hier die Höhe der Verbindlichkeiten aus LuL durch die zwischen Lieferant und Unternehmen vereinbarten Zahlungsbedingungen bestimmt. Aus Sicht des Unternehmens ist es dabei wünschenswert, die Lieferanten möglichst spät bezahlen zu müssen. Je länger die gewährten Zahlungsziele sind, desto länger finanziert der Lieferant auch den Geschäftsbetrieb des Unternehmens. Aber auch hier können durch die Gewährung von Skontoabzügen Anreize für das Unternehmen geschaffen werden, seine Verbindlichkeiten früher zu begleichen.

3.4 Working Capital

Ein zentrales Aufgabenfeld in Unternehmen, das in direktem Zusammenhang mit der Bilanz steht, ist das »Working Capital Management«. Dabei liegt der Fokus auf einigen kurzfristigen Bilanzpositionen, die im Tagesgeschäft beeinflusst werden können. Das Ziel ist die Optimierung des operativ gebundenen

Kapitals. Im Detail gehen wir auf die Tätigkeit des »Working Capital Management« im *Abschnitt 3.4.4* ein.

Kapital ist eine begrenzte Ressource und sollte daher bestmöglich eingesetzt werden. Je effizienter und effektiver ein Unternehmen das vorhandene Kapital einsetzen kann, desto mehr Ertrag kann damit erwirtschaftet werden.

Für das operative Geschäft eines Unternehmens bedeutet dies, dass versucht wird, das »arbeitende Kapital« so gering wie möglich zu halten. Je weniger Kapital im operativen Geschäft gebunden ist, desto weniger Kapital muss das Unternehmen bei Eigentümern und Kreditgebern aufnehmen. Darüber hinaus kann Kapital, das nicht im operativen Geschäft gebunden ist, für längerfristige Investitionen verwendet werden und dem Unternehmen so neue Geschäftschancen eröffnen.

Die Optimierung des Working Capital sollte daher in nahezu allen Unternehmen im Fokus stehen. Dies gilt jedoch in besonderem Maße für Unternehmen, die sich auf einem Wachstumspfad befinden. Hier kann eine Optimierung im Zweifelsfall den Unterschied zwischen Erfolg und Misserfolg ausmachen. Wird dem Working Capital keine Aufmerksamkeit geschenkt, geraten stark wachsende Unternehmen sehr leicht in die Insolvenz.

Dies liegt daran, dass gerade in Wachstumsphasen die Liquidität stark beansprucht wird. Die Unternehmen müssen hohe Vorräte aufbauen und bezahlen, um das gestiegene Geschäftsvolumen realisieren zu können. Auch bei erfolgreichen Umsätzen wird weiter vorfinanziert. Die Forderungen gegenüber den Kunden steigen und werden erst zu einem späteren Zeitpunkt beglichen. Der Vorfinanzierungsbedarf eines wachsenden Unternehmens wird häufig unterschätzt. Auch bei guter Ertragslage muss zunächst Liquidität bereitgestellt werden, was die Möglichkeiten des Unternehmens einschränkt.

Aber auch bei etablierten Unternehmen mit stabilem Geschäftsvolumen kann Working Capital Management Kapital für andere wertvolle Zwecke freisetzen.

3.4.1 Was ist Working Capital?

Unter Working Capital versteht man das im laufenden Geschäftsbetrieb eingesetzte und gebundene Kapital. Es bezieht sich somit auf die kurzfristigen Bilanzpositionen der Aktiv- und Passivseite. Das Kapital ist auf der Aktivseite in verschiedenen kurzfristigen Vermögensgegenständen gebunden. Gleichzeitig bestehen auf der Passivseite kurzfristige Verbindlichkeiten, die wiederum zur Finanzierung der Vermögenswerte auf der Aktivseite zur Verfügung stehen.

Grob definiert umfasst das Working Capital also das Umlaufvermögen und die kurzfristigen Verbindlichkeiten. Zieht man die Summe der kurzfristigen Verbindlichkeiten vom Umlaufvermögen ab, so erhält man das »Net Working Capital«.

In der Praxis ist eine derart weite Definition von Net Working Capital nicht hilfreich. Hier geht es vor allem darum, drei Positionen zu optimieren. Daher hat sich in der Praxis folgende Definition von Net Working Capital durchgesetzt:

Vorräte
+ Forderungen aus Lieferungen und Leistungen
- Verbindlichkeiten aus Lieferungen und Leistungen
= Net Working Capital (NWC)

Abbildung 3.4: Formel zur Berechnung des Net Working Capital (NWC)

In den beiden Positionen des NWC auf der Aktivseite der Bilanz, den Vorräten und den Forderungen LuL, ist Kapital gebunden. Vorräte müssen für das operative Geschäft beschafft werden und binden das dafür eingesetzte Kapital. Es wird erst wieder frei, wenn die Vorräte an die Kunden ausgeliefert wurden und diese die Rechnungen des Unternehmens bezahlt haben. Ähnlich verhält es sich mit den Forderungen LuL. Hier hat das Unternehmen die Leistung bereits erbracht und die Produkte an den Kunden geliefert. Das Unternehmen hat jedoch die vereinbarte Zahlung noch nicht erhalten und muss daher den Zeitraum zwischen Leistungserbringung und Zahlungseingang finanziell überbrücken. Auch hier ist Kapital in den Forderungen LuL gebunden.

Auf der anderen Seite lassen sich Unternehmen einen Teil dieses operativen Geschäfts von ihren Lieferanten vorfinanzieren. Dies geschieht über die Verbindlichkeiten LuL. Hier ist das Unternehmen in der Kundenposition und erhält die Leistungen seiner Lieferanten vor der Bezahlung. Der Zeitraum zwischen dem Wareneingang beim Unternehmen und der Bezahlung der Lieferanten wird von den Lieferanten über die Verbindlichkeiten LuL vorfinanziert.

Das Net Working Capital entspricht somit der Kapitalmenge, die vom Unternehmen »netto« zur Finanzierung des operativen Geschäfts zur Verfügung gestellt werden muss. Eine Optimierung der Positionen des Net Working Capital kann dazu beitragen, diesen Finanzierungsbedarf zu reduzieren.

Je nach Geschäftsmodell kann es sinnvoll sein, diese enge Definition von Net Working Capital zu erweitern und weitere für das Unternehmen relevante Bilanzpositionen in die Betrachtung einzubeziehen. So kann es insbesondere für Unternehmen des Einzelhandels sinnvoll sein, den Bargeldbedarf an den Kassen in die Optimierungsbemühungen mit einzubeziehen. Dieses Bargeld wird ausschließlich als Wechselgeld benötigt und kann somit nicht für den Wareneinkauf oder zur Finanzierung des Anlagevermögens verwendet werden. Es ist ebenfalls im operativen Tagesgeschäft gebunden und muss daher wie die anderen Positionen des Net Working Capital vorfinanziert werden.

3.4.2 Working CapitalDays

Die Positionen des Umlaufvermögens sind dadurch gekennzeichnet, dass sie einem ständigen Wandel unterliegen. Innerhalb der Positionen kommen ständig neue Elemente hinzu und andere verlassen das Unternehmen. Bei den Vorräten kommen über den Wareneingang neue Materialien hinzu, während Fertigerzeugnisse und Handelswaren das Unternehmen in Richtung Kunden verlassen.

Diese Umschlagshäufigkeit variiert in der Praxis und ist für die einzelnen Elemente sehr unterschiedlich. Für die Steuerung eines Unternehmens und die Beurteilung seiner Performance ist es jedoch hilfreich und interessant zu wissen, wie lange sich einzelne Positionen im Durchschnitt in den Working Capital-Elementen befinden, bevor sie das Unternehmen wieder verlassen.

Diese Dauer wird durch die »Working Capital Days« ausgedrückt. Sie geben an, wie viele Tage es im Durchschnitt dauert, bis ein Element vollständig umgeschlagen wurde. Es kann gesagt werden, dass eine kürzere Zeitspanne für das Unternehmen bei den Positionen der Aktivseite vorteilhafter ist. Je schneller es in der Lage ist, sein Working Capital umzuschlagen, desto effizienter arbeitet es mit seinem Kapital und desto weniger Kapital wird auch zur Finanzierung der Geschäftstätigkeit benötigt.

Damit eignen sich die Working Capital Days auch als Messinstrument, um die Qualität des Working Capital Managements mit anderen Unternehmen zu vergleichen und den Einfluss eingeleiteter Optimierungsmaßnahmen besser beurteilen zu können.

Days Inventories Outstanding (DIO)

Die »Days Inventories Outstanding« (DIO), die auch als »Lagerdauer« bezeichnet werden, geben an, wie viele Tage die Lagerbestände des Unternehmens im Durchschnitt vorrätig sind. »Inventories« ist der englische Begriff für Vorräte. Je niedriger die DIO, desto effizienter geht ein Unternehmen mit seinen Beständen um.

Die Days Inventories Outstanding werden wie folgt berechnet:

$$\text{Days Inventories Outstanding (DIO)} = \frac{\text{Vorräte} \cdot 365}{\text{Umsatzkosten}}$$

Für Unternehmen eröffnet sich hier jedoch ein Spannungsfeld: Auf der einen Seite bedeuten geringere Vorräte eine geringere Kapitalbindung und auch ein geringeres Risiko. Bei geringeren Vorräten können auch weniger Vorräte unverkäuflich werden oder verderben.

Geringere Vorräte bedeuten aber auch immer, dass ein Unternehmen im Zweifelsfall eine höhere Nachfrage nicht kurzfristig bedienen kann, weil die benötigten Produkte schlicht nicht auf Lager sind. Lagerbestände beeinflussen also immer auch die Lieferfähigkeit eines Unternehmens.

Darüber hinaus erfüllen Lagerbestände für Unternehmen auch eine Pufferfunktion. Sie ermöglichen eine stabile Produktion mit kontinuierlichem Materialverbrauch, unabhängig davon, ob der Absatz an die Kunden ebenso gleichmäßig erfolgt. Für eine unterbrechungsfreie Produktion ist daher immer ein gewisser Materialbestand erforderlich.

Dieses Spannungsfeld muss bei der Optimierung von Beständen und der Reduzierung von DIO berücksichtigt werden. Eine gesunde Balance zwischen möglichst geringen Beständen mit entsprechend geringer Kapitalbindung auf der einen Seite und einer akzeptablen Lieferfähigkeit und stabilen Produktion auf der anderen Seite muss gefunden werden.

Days Sales Outstanding (DSO)

»Days Sales Outstanding« (DSO) bezeichnet die durchschnittliche Anzahl von Tagen, an denen Forderungen aus Lieferungen und Leistungen im Unternehmen ausstehen. Sie wird alternativ auch als »Debitorenlaufzeit« bezeichnet. Häufig wird auch der alternative Begriff »Days Receivables Outstanding« verwendet. »Receivables« ist der englische Begriff für die Forderungen aus Lieferungen und Leistungen.

Die Days Sales Outstanding werden wie folgt berechnet:

$$\text{Days Sales Outstanding (DSO)} = \frac{\text{Forderungen LuL} \cdot 365}{\text{Umsatz}}$$

Ein Unternehmen ist bestrebt, die Kapitalbindung in den Forderungen LuL so gering wie möglich zu halten. Je weniger Forderungen vorhanden sind, desto weniger Kapital muss für die Vorfinanzierung der damit verbundenen Umsätze aufgebracht werden. Ein möglichst geringer Forderungsbestand ist daher erstrebenswert.

Forderungen LuL stellen gleichzeitig ein Risiko für Unternehmen dar. Denn es kann nicht mit absoluter Sicherheit gesagt werden, dass alle Kunden ihren Zahlungsverpflichtungen vollständig und pünktlich nachkommen werden. Es ist möglich, dass Kunden verspätet zahlen und sich die Dauer der Vorfinanzierung verlängert. Darüber hinaus kann es zu Zahlungsausfällen kommen, wenn ein Kunde die Leistungen des Unternehmens bereits in Anspruch genommen hat, aber vor der Zahlung Insolvenz anmelden muss. Auch um diese Risiken zu reduzieren, ist ein möglichst geringer Forderungsbestand wünschenswert.

Andererseits sind Forderungen in bestimmten Branchen unverzichtbar, denn die Zahlungsbedingungen, zu denen sie entstehen, sind für viele Kunden ein wichtiger Aspekt der gemeinsamen Geschäftsbeziehung. Je besser und länger die ausgehandelten Zahlungsziele sind, desto mehr Geschäfte sind die Kunden bereit, mit dem Unternehmen zu machen.

Days Payables Outstanding (DPO)

Die »Days Payables Outstanding« (DPO) geben die durchschnittliche Menge an Tagen an, an denen Verbindlichkeiten aus Lieferungen und Leistungen im Unternehmen vorhanden sind. »Payables« ist der englische Begriff für Verbindlichkeiten aus Lieferungen und Leistungen. Die DPO werden häufig auch als »Kreditorenlaufzeit« bezeichnet.

Die Days Payables Outstanding werden wie folgt berechnet:

$$\text{Days Payables Outstanding (DPO)} = \frac{\text{Verbindlichkeiten LuL} \cdot 365}{\text{Umsatzkosten}}$$

Bei den DPO verhält es sich umgekehrt als bei den DIO und den DSO. Hier ist das Unternehmen eher bestrebt, die Anzahl der Tage so hoch wie möglich zu halten. Dies liegt daran, dass die Verbindlichkeiten LuL eine Finanzierung des operativen Geschäfts durch die Lieferanten des Unternehmens darstellen. Je länger und umfangreicher diese Finanzierung ist, desto vorteilhafter ist sie für das Unternehmen.

Der Betrag, der von den Lieferanten des Unternehmens über die Verbindlichkeiten LuL finanziert wird, reduziert direkt den Nettobetrag, der vom Unternehmen insgesamt für sein NWC finanziert werden muss. Sowohl eine Verlängerung des Finanzierungszeitraums als auch eine Erhöhung des Einkaufsvolumens führen zu dieser Situation.

Bei den Verbindlichkeiten LuL befindet sich das Unternehmen in der Kundenposition und erhält von seinen Lieferanten eine Vorfinanzierung durch bereits erbrachte Leistungen, mit denen es arbeiten kann.

In den Verhandlungen mit den Lieferanten spielen daher nicht nur die direkten Einkaufskonditionen eine große Rolle, sondern auch die Zahlungsbedingungen, die mit der Lieferbeziehung einhergehen. Die Einkäufer des Unternehmens konzentrieren sich daher auch darauf, bessere Zahlungsbedingungen mit den Lieferanten auszuhandeln. Häufig ist es einfacher, eine Verlängerung des Zahlungsziels statt eines weiteren Rabatts auf den Einkaufspreis zu erreichen. Beides hat allerdings einen Wert für das Unternehmen.

3.4.3 Cash Conversion Cycle

Der »Cash Conversion Cycle« ist ein Konzept, das die drei verschiedenen Working Capital Days in einem Gesamtkonzept zusammenfasst und zueinander in Beziehung setzt. Zum besseren Verständnis kann man sich den Ablauf eines typischen Geschäftsvorfalls des Unternehmens entlang einer Zeitskala vorstellen. Entlang dieser Zeitskala wird der Ablauf eines Geschäftes aufgetragen. Dadurch ergeben sich gleichzeitig die Anfangs- und Endpunkte der einzelnen Working Capital Days.

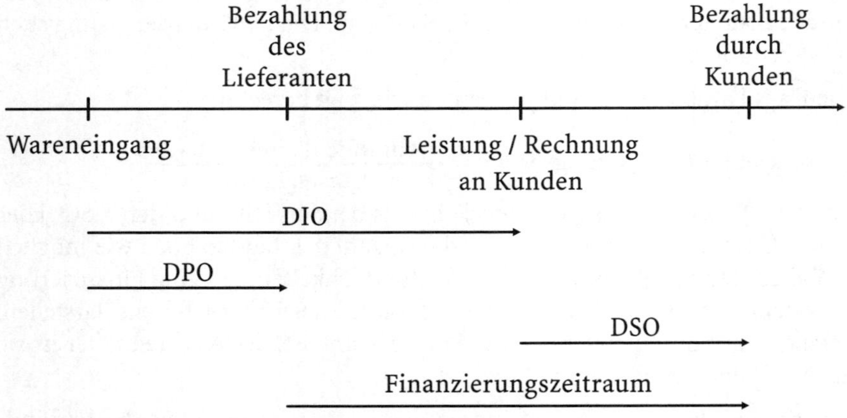

Abbildung 3.5: Der Cash Conversion Cycle entlang der typischen Stationen eines einzelnen Geschäfts

Der Cash Conversion Cycle zeigt damit, wie das im operativen Geschäft gebundene Kapital in einem Kreislauf durch das Unternehmen und seine Aktivitäten fließt. Das Konzept hilft enorm, die Zusammenhänge des Working Capital besser zu verstehen und die einzelnen Komponenten zueinander in Beziehung zu setzen.

Der Kreislauf ist auch eine hilfreiche Illustration, um sich die Abfolge der einzelnen Geschäftsschritte in einem typischen Unternehmen vor Augen zu führen. Wenn man die einzelnen Schritte und ihre finanziellen Auswirkungen versteht, kann man auch die anderen Finanzzahlen und die dahinterstehenden Konzepte besser verstehen.

Schauen wir uns daher an, wie ein typischer Ablauf des Cash Conversion Cycle aussehen kann.

Bestellung von Waren beim Lieferanten

Der gesamte Zyklus beginnt damit, dass das Unternehmen Materialien und Waren bei seinen Lieferanten bestellt. Einige Zeit nach der Bestellung und der Bestätigung durch den Lieferanten erfolgt die Lieferung der bestellten Waren. Das Unternehmen nimmt die Waren im Wareneingang entgegen und unterzieht sie stichprobenartig einer Qualitätskontrolle. Ist alles in Ordnung, wird die gelieferte Ware angenommen und als Wareneingang in die Vorräte des Unternehmens gebucht.

Ab diesem Zeitpunkt beginnen die DIO- und auch die DPO-Periode. Zum einen befindet sich die Ware im Lager des Unternehmens und bindet dort Kapital. Zum anderen besteht ab dem Zeitpunkt der Wareneingangsbuchung eine Verbindlichkeit gegenüber dem Lieferanten. Ab diesem Zeitpunkt beginnt also auch der Zeitraum, in dem der Lieferant das operative Geschäft des Unternehmens finanziert.

Produktion von verkaufswertigen Produkten aus der Eigenfertigung

Sobald sich die Materialien im Lager des Unternehmens befinden, können sie verarbeitet werden. Die bestellten Materialien werden also im Produktionsprozess eingesetzt und zu Bauteilen, Baugruppen und Fertigprodukten verarbeitet. Dabei findet eine ständige Aus- und Einlagerung der benötigten Teile im Lager statt. Es handelt sich jedoch nur um Umlagerungen zwischen verschiedenen Bestandskategorien. Die Produktion selbst hat keinen Einfluss auf die Working Capital Days. Bemerkenswert ist jedoch die Tatsache, dass ein Unternehmen mit Materialien, die es noch nicht bezahlt hat, Wertschöpfung betreiben kann.

Bezahlung der Lieferanten

Erst zum Zeitpunkt der Bezahlung einer Lieferantenrechnung tritt eine Änderung bei den Working Capital Days ein. Sobald die Verbindlichkeit gegenüber dem Lieferanten beglichen ist, endet der DPO-Zeitraum und damit auch der Zeitraum, in dem der Lieferant den Geschäftsbetrieb des Unternehmens finanziert. Der genaue Zeitpunkt hängt natürlich von den ausgehandelten Zahlungsbedingungen und der Nutzung möglicher Skonti durch das Unternehmen ab.

Typischerweise kann davon ausgegangen werden, dass ein Unternehmen zunächst seine Lieferanten bezahlt und erst zu einem späteren Zeitpunkt seine eigenen Leistungen in Rechnung stellen kann. Diese Reihenfolge muss jedoch nicht für jedes Unternehmen zutreffen. Gerade im Lebensmitteleinzelhandel findet ein wesentlich schnellerer Umschlag von frischen Lebensmitteln statt. So ist es durchaus denkbar, dass ein Supermarkt seine Waren schon lange verkauft hat, bevor er die Lieferanten dieser Waren bezahlen muss.

Leistung an den Kunden

In der Regel wird ein Unternehmen jedoch bereits alle Rechnungen seiner Lieferanten beglichen haben, bevor es selbst seine Leistungen an die Kunden erbringt. Geht man davon aus, dass es sich um ein produzierendes Unternehmen handelt, das ein selbst hergestelltes Produkt ausliefert, so geschehen zum Zeitpunkt der Auslieferung des Produkts zwei Dinge:

Zum einen endet die DIO-Periode im Moment der erfolgreichen Auslieferung. Das im Lager befindliche Produkt wurde ausgeliefert und somit aus dem Lager in die Materialkosten des Auftrags gebucht.

Zum anderen beginnt mit der erfolgreichen Auslieferung auch die DSO-Periode. Das Unternehmen hat seine Leistung vollständig erbracht und damit eine Forderung gegenüber seinem Kunden auf Bezahlung der vereinbarten Leistung erfüllt.

Bezahlung durch den Kunden

Die Dauer der DSO hängt im Wesentlichen von den Zahlungsbedingungen ab, die das Unternehmen mit seinem Kunden vereinbart hat. Im Geschäftsverkehr zwischen Unternehmen sind 30 Tage und mehr nicht unüblich. Wenn die Zahlungsfrist abläuft und der Kunde die Rechnung bezahlt, endet auch die DSO-Periode. Zu diesem Zeitpunkt ist auch das Ende des typischen Geschäftsvorfalls erreicht und der Cash Conversion Cycle abgeschlossen.

In der Praxis starten täglich einzelne Zyklen, und bereits aktive Zyklen ändern ihren Status oder enden ganz. Es gibt eine Vielzahl solcher Zyklen, die parallel und überlappend ablaufen. Die Dauer der einzelnen Phasen und die Abfolge der Schritte können je nach Geschäft sehr unterschiedlich sein.

Dennoch ist das Konzept des Cash Conversion Cycle am Beispiel eines durchschnittlichen Geschäftsprozesses ein sehr hilfreiches Instrument, um typische Abläufe in einem Unternehmen zu visualisieren und besser zu verstehen.

Zeitraum der nötigen Finanzierung

Aus der Visualisierung des Cash Conversion Cycle in Abbildung 3.5 lässt sich gut erkennen, über welchen Zeitraum ein Unternehmen seine operative Geschäftstätigkeit im Durchschnitt finanzieren muss. In Kombination mit dem Geschäftsvolumen lässt sich so auch ein durchschnittlicher Finanzierungsbetrag ermitteln.

In der Abbildung ist dies der Zeitraum zwischen dem Ende des DPO und dem Gesamtende des Cash Conversion Cycle. Sobald ein Unternehmen seinen Lieferanten bezahlt hat, muss es den gesamten Rest des Zyklus selbst finanzieren und das benötigte Kapital für diesen Zeitraum bereitstellen.

3.4.4 Working Capital Management

Wie aber gehen Unternehmen mit ihrem Working Capital um und nutzen die Informationen aus dem Cash Conversion Cycle und den Working Capital Days? Alle Optimierungsmöglichkeiten zur Verbesserung des Net Working Capital werden unter dem Begriff »Working Capital Management« zusammengefasst.

Die Arbeit in Unternehmen ist grundsätzlich geprägt vom Umgang mit knappen Ressourcen. Es gibt immer mehr Ziele und Aufgaben, als man realistisch bewältigen kann. Umso wichtiger ist es, mit den vorhandenen Ressourcen so effizient und effektiv wie möglich umzugehen. Nichts anderes gilt für das Working Capital.

Unternehmen sind immer bestrebt, mit möglichst wenig Net Working Capital auszukommen. Je weniger Kapital im Net Working Capital gebunden ist, desto weniger Kapital muss beschafft und finanziert werden und desto mehr Kapital steht für langfristige Investitionen und Wachstum zur Verfügung. Hinzu kommt, dass Unternehmen im Wettbewerb stehen und langfristig nur die Unternehmen überleben, die sich selbst immer wieder in Frage stellen und nach effizienteren und besseren Wegen suchen, um die Bedürfnisse ihrer Kunden zu befriedigen.

Beim Working Capital Management konzentrieren sich die Optimierungsbemühungen auf drei verschiedene Handlungsfelder:

- Bestandsmanagement
- Forderungsmanagement
- Verbindlichkeiten- und Lieferantenmanagement

In diesen drei Bereichen setzen Unternehmen unterschiedliche Instrumente ein, um eine Optimierung zu erreichen. Die drei Handlungsfelder umfassen nahezu das gesamte Unternehmen und sind abteilungsübergreifend. Um die Potenziale des Net Working Capital zu heben, ist daher eine ganzheitliche Optimierung notwendig.

Betrachten wir daher die drei Handlungsfelder einzeln und im Detail.

Bestandsmanagement

Im Bereich des Bestandsmanagements geht es im Wesentlichen darum, möglichst geringe Vorräte zu erreichen. In den Lagern der Unternehmen lagern große Mengen an Material, unfertigen und fertigen Erzeugnissen sowie Handelswaren. In vielen produzierenden Unternehmen lagern Waren im Wert von mehreren Millionen Euro. Je geringer die Bestände sind, desto weniger Geld ist darin gebunden.

Dennoch wird bei der Optimierung der Bestände meist nicht das maximal Mögliche erreicht. Das liegt daran, dass die Bestände auch eine Pufferfunktion haben. Zum einen sollen ausreichend hohe Lagerbestände sicherstellen, dass ein Unternehmen kontinuierlich produzieren und seine teuren Maschinen effizient auslasten kann.

Zum anderen übernehmen Lagerbestände eine Pufferfunktion in Richtung Absatzmarkt. Denn häufig entspricht die Zusammensetzung der Nachfrage nicht dem Produktmix, der gerade in der Produktion hergestellt wird. Ausreichend hohe Lagerbestände stellen daher auch sicher, dass ein Unternehmen kurzfristig lieferfähig ist und die Nachfrage bedienen kann. Ansonsten besteht leider die Gefahr, dass die Kunden zu einem anderen Lieferanten abwandern, der lieferfähig ist. So kann man schnell eine langfristige Kundenbeziehung verlieren und riskiert nicht nur einen Auftrag, sondern alle Aufträge des Kunden in der Zukunft.

Bei der Lagerhaltung gilt es daher, eine Balance zwischen möglichst geringen Beständen unter den Nebenbedingungen einer stabilen Produktion und einer ausreichend hohen Lieferfähigkeit zu finden.

Bestände stellen aber auch ein nicht zu unterschätzendes Risiko für die Unternehmen dar. Gerade bei schnell verderblichen Produkten sollten keine überhöhten Lagerbestände aufgebaut werden. Allzu schnell verkalkuliert man sich und bleibt dann auf Waren sitzen, die in kürzester Zeit verdorben sind und entsorgt werden müssen.

Aber auch der technische Fortschritt stellt ein erhebliches Risiko dar. Gerade bei technischen und elektronischen Gütern hat sich die Entwicklung in den letzten Jahren rasant beschleunigt. Eine technisch überholte Produktvariante lässt sich irgendwann auch zu drastisch reduzierten Preisen nicht mehr absetzen.

Diese Risiken müssen auch bei der Optimierung der Lagerbestände berücksichtigt werden.

Die absolute Basis für ein gutes Bestandsmanagement ist eine gute Planung. Je besser ein Unternehmen in der Lage ist, seine zukünftige Entwicklung zu prognostizieren, desto besser können auf Basis dieser Planung die Bestände gesteuert werden. Hier spielt der technische Fortschritt den Unternehmen in die Hände. Entwicklungen wie »Predictive Analytics«, »Data Mining« und »Big Data« ermöglichen es den Unternehmen, auf Basis ihrer Datenbestände Planungsmodelle zu entwickeln, die sich im Laufe der Zeit selbst optimieren und alle denkbaren Variablen mitberücksichtigen.

Eine solide Planung ist die Grundlage, um im Einkauf über belastbare Daten zu verfügen, mit denen die Beschaffung organisiert werden kann. Ist der Bedarf an Materialien für die nächste Zeit bekannt, kann der Einkauf unter Berücksichtigung von Konditionen, Wiederbeschaffungszeiten, Abgängen, Mindestbestellmengen und Sicherheitsbeständen die optimalen Bestellmengen berechnen. So wird im Idealfall nur die Menge bestellt, die bis zur nächsten Lieferung auch mit hoher Sicherheit vollständig verbraucht wird. Dies wiederum reduziert das Risiko, teure Bestände verschrotten zu müssen und sichert gleichzeitig eine stabile Produktion und eine hohe Lieferfähigkeit.

Aber auch auf der Produktebene können Unternehmen einiges tun, um ihre Bestände zu optimieren. Ein möglicher Hebel ist das Konzept des Gleichteilemanagements. Wenn ein Unternehmen Teile in mehreren Produkten verwenden kann, lassen sich Mengen bündeln und damit bessere Preise erzielen, wodurch weniger Mengen auf Lager gelegt werden müssen. Eine Branche, die hier sehr professionell aufgestellt ist, ist die Automobilindustrie. Mithilfe von Baukastenkonzepten können sehr unterschiedliche Fahrzeuge mit ähnlicher technischer Basis hergestellt werden.

Auch der Produktlebenszyklus kann einen erheblichen Einfluss auf die Lagerhaltung eines Unternehmens haben. Wenn Produkte über ihren gesamten Lebenszyklus aktiv gemanagt werden, führt dies zu einer positiven Bestandsentwicklung. So werden z.B. beim Produktanlauf nur wenige Materialien bestellt und das Lager nicht unnötig mit teuren Materialien gefüllt. Auch am Ende eines Produktlebens trägt die aktiv gestaltete Nachfolge einer neuen Produktgeneration dazu bei, dass möglichst keine Alt-Teile im Lager verbleiben und verschrottet werden müssen.

Schließlich hat auch die Variantenvielfalt einer Produktfamilie einen großen Einfluss auf die Höhe und das Risiko von Beständen. Je weniger Varianten es gibt, desto geringer ist das Risiko, den Markterfolg einzelner Varianten falsch einzuschätzen und damit auf den speziellen Beständen sitzen zu bleiben, die nur für eine oder wenige Produktvarianten benötigt werden.

Forderungsmanagement

Im Bereich des Forderungsmanagements geht es darum, die Kapitalbindung im Bereich der Forderungen LuL so gering wie möglich zu halten. Hier ist jedoch Vorsicht geboten, denn hinter jeder Forderung steht eine Kundenbeziehung, die für die Unternehmen im Zweifelsfall einen sehr langfristigen Wert hat. Eine übertriebene Optimierung ist daher in vielen Fällen nicht angebracht. Dennoch sollten Unternehmen hier sehr strategisch vorgehen und im Zweifel zwischen A-, B- und C-Kunden unterscheiden.

Beim Forderungsmanagement spielt aber nicht nur die reine Höhe der Forderungen aus Lieferungen und Leistungen eine Rolle. Das Ziel der Unternehmen ist es auch, Forderungsausfälle möglichst zu vermeiden.

Zur Optimierung der Forderungen gibt es mehrere Ansatzpunkte. Am Anfang einer neuen Kundenbeziehung sollte eine sorgfältige Analyse des Kunden stehen. Wie ist die finanzielle Situation des Kunden? Gibt es eine Historie über das Zahlungsverhalten bei Auskunfteien, wie z.B. Creditreform? Wie ist das Risiko eines Zahlungsausfalls einzuschätzen? Je nach Ergebnis einer solchen Analyse kann dann entschieden werden, ob der Kunde überhaupt auf Rechnung bestellen darf oder ob man gerade von diesem Kunden Vorkasse verlangt.

Grundsätzlich hängt das Thema Forderungsmanagement sehr eng mit den gewährten Zahlungszielen zusammen. Je länger die Zahlungsziele sind, desto höher ist der Forderungsbestand eines Unternehmens. Und damit steigt gleichzeitig das Risiko größerer Zahlungsausfälle. Ein Unternehmen sollte sich daher gut überlegen, welchem Kunden welche Zahlungsbedingungen eingeräumt werden.

Zudem können maximale Geschäftsvolumina definiert werden. Will der Kunde darüber hinaus eine Bestellung aufgeben, funktioniert das nur, wenn er zuvor offene, aber vielleicht noch nicht fällige Forderungen begleicht.

Auch das Mahnwesen spielt im Forderungsmanagement eine wichtige Rolle. Unternehmen scheuen sich oft, säumige Kunden direkt zu mahnen. Man sieht gleich die gesamte Kundenbeziehung in Gefahr. Dem kann jedoch entgegengehalten werden, dass ein Kunde, der nicht rechtzeitig und vereinbarungsgemäß zahlt, seinerseits die Geschäftsbeziehung zum Unternehmen nicht wertschätzt.

Ein weiteres Instrument des Forderungsmanagements ist das »Factoring«. Darunter versteht man den Verkauf von Forderungen an ein drittes Unternehmen, häufig Finanzdienstleister. Dies kann offen geschehen, sodass der Kunde über den Verkauf seiner Forderung informiert wird, aber auch im Hintergrund, sodass der Kunde seine Forderung direkt an das Unternehmen bezahlt. Für Unternehmen stellt Factoring eine Liquiditätsquelle dar. Allerdings wird Factoring in Europa eher kritisch gesehen. In den USA hingegen ist Factoring weitaus verbreiteter und eine übliche Quelle zusätzlicher Finanzierungsmöglichkeiten für Unternehmen.

Verbindlichkeiten- und Lieferantenmanagement

Die Verbindlichkeiten aus Lieferungen und Leistungen unterscheiden sich ein wenig von den Vorräten und Forderungen. Dies liegt daran, dass die Verbindlichkeiten eine Finanzierungsquelle und keine Kapitalbindung darstellen. Daher ist auch die Zielsetzung eine andere. Die Unternehmen versuchen, möglichst hohe Verbindlichkeiten aus Lieferungen und Leistungen zu erreichen.

Denn mit den dahinterstehenden Waren und Dienstleistungen kann das Unternehmen bereits arbeiten und eigene Geschäfte tätigen, ohne den Lieferanten bereits bezahlen zu müssen. Je größer das Geschäftsvolumen und je später die Bezahlung des Lieferanten, desto besser ist die Situation aus Sicht des Unternehmens.

Allerdings kann die Optimierung der Verbindlichkeiten nicht so eindimensional betrachtet werden. Denn auf der anderen Seite steht ein anderes Unternehmen, das seine eigenen Interessen verfolgt. Der Lieferant wiederum möchte seinem Kunden, dem Unternehmen, so wenig wie möglich finanzieren und so früh wie möglich für die Leistungen bezahlt werden. Außerdem will er kein Ausfallrisiko eingehen.

Daher kann ein Unternehmen die Beziehung zu seinem Lieferanten nicht bis zum Äußersten strapazieren, nur um Teile seines Geschäfts finanziert zu bekommen. Es sollte ein gesundes und faires Gleichgewicht angestrebt werden, bei dem beide Partner mit der Geschäftsbeziehung zufrieden sind.

Auch aus Sicht des Unternehmens kann es sinnvoll sein, nicht nur isoliert auf die Höhe der Verbindlichkeiten zu schauen. Denn es ist auch daran interessiert, von seinem Lieferanten stabil und zuverlässig beliefert zu werden. Wenn es das Unternehmen mit der Optimierung der Verbindlichkeiten übertreibt, könnte der eine oder andere Lieferant das Unternehmen weniger zuverlässig behandeln und im Zweifelsfall seine anderen Kunden bevorzugen.

Die Verbindlichkeiten werden im Wesentlichen durch die gewährten Zahlungsbedingungen beeinflusst. Daher sollte im Einkauf auch darauf geachtet werden. Wenn die Verhandlungen ins Stocken geraten und keine weiteren Preisnachlässe auf Einkaufsgüter mehr möglich sind, kann ein Unternehmen auch durch eine Verlängerung der Zahlungsziele profitieren.

Darüber hinaus können Unternehmen ihre Verbindlichkeiten durch ein aktives Zahlungsmanagement steuern. Je häufiger ein Unternehmen zahlt, desto näher kann es seine Verbindlichkeiten am Fälligkeitstag begleichen und desto länger kann es den Finanzierungseffekt nutzen. Zahlt ein Unternehmen dagegen nur einmal pro Woche, müssen viele Verbindlichkeiten bis zu einer Woche vor Fälligkeit beglichen werden, um nicht in Zahlungsverzug zu geraten.

Die Verbindlichkeiten können auch optimiert werden, indem das Geschäft auf einen von mehreren Lieferanten konzentriert wird, der die besten Zahlungsbedingungen bietet. Gerade bei strategisch wichtigen Materialien und Komponenten haben Unternehmen in der Regel mehrere parallele Bezugsquellen. Unterscheiden sich die gewährten Zahlungsbedingungen der alternativen Lieferanten stark voneinander, kann es sinnvoll sein, einen Großteil des Geschäfts auf den Lieferanten mit den besten Zahlungsbedingungen zu konzentrieren.

Die Konzentration auf wenige Lieferanten hat zudem den Vorteil, dass Mindestbestellmengen leichter erreicht werden können. Dies trägt dazu bei, auch bei weniger verbrauchsintensiven Materialien optimale Bestellmengen durchsetzen zu können.

Um wichtigen Lieferanten Sicherheit zu geben und sie über die Entwicklung des Unternehmens auf dem Laufenden zu halten, kann es auch sinnvoll sein, sie regelmäßig mit aktuellen Zahlen zu versorgen. Wenn die Lieferanten anhand der Reporting-Pakete erkennen, dass das Unternehmen solide finanziert ist und gute Gewinne erwirtschaftet, kann dies zu einer entspannten Beziehung beitragen.

Schließlich kann es auch sinnvoll sein, einen Teil des Risikos für den Lieferanten durch Bürgschaften abzusichern. So kann das Geschäftsvolumen ausgeweitet werden und der Lieferant kann sicher sein, einen größeren Teil des Risikos abgesichert zu haben.

Ganzheitliche Optimierung

Beim Working Capital Management kommt es nicht so sehr darauf an, jedes der drei Handlungsfelder isoliert zu optimieren, sondern einen ganzheitlichen Ansatz zu wählen. Oftmals widersprechen sich Optimierungsmaßnahmen und die Aktivitäten stehen im Zielkonflikt. Daher ist es wichtig, immer mit Augenmaß vorzugehen und ein Gesamtoptimum anzustreben. Im Zweifelsfall werden Optimierungsmaßnahmen behutsam ausgewählt und schrittweise nach und nach an ein Optimum herangeführt.

3.5 Investitionsmanagement

Ein weiterer Bereich, der von den Unternehmen sehr aktiv gesteuert wird, sind die Investitionen in das langfristige Anlagevermögen. Denn neben dem laufenden Geschäft wird auch Kapital in das Anlagevermögen des Unternehmens investiert. Sachanlagen wie Maschinen, technische Anlagen oder ganze Fabriken erfordern hohe Anfangsinvestitionen, die sich erst nach mehreren Jahren amortisieren. Ähnlich verhält es sich, wenn Unternehmen Patente oder Lizenzen erwerben. Auch hier ist zu Beginn eine größere Zahlung zu leisten, die sich erst nach und nach bezahlt macht.

Das Kapital für diese Investitionen ist für fast alle Unternehmen eine sehr knappe Ressource. Meist gibt es mehr Ideen für Investitionen, als das Unternehmen finanzieren oder gar operativ umsetzen und abwickeln kann. Es geht also darum, aus der Vielzahl der Investitionsmöglichkeiten die besten herauszufiltern. Ein Unternehmen kann nicht in alles investieren. Es muss sein Kapital und seine sonstigen Ressourcen auf die Möglichkeiten konzentrieren, die den höchsten Wertbeitrag für das Unternehmen leisten.

Doch wie kann ein Unternehmen herausfinden, welche Investitionen die besten sind? Diese Frage wird im Rahmen der Investitionsrechnung und des Investitionsmanagements beantwortet. Mithilfe von Rechenverfahren kann ein optimales Investitionsprogramm ermittelt werden. Dabei spielen nicht nur reine Zahlen eine Rolle, sondern auch strategische Überlegungen des

Managements. Letztlich sind Investitionen nur ein Mittel, um ein größeres strategisches Ziel zu erreichen. Wohin die Reise gehen soll, bestimmt das Management. Investitionen sind lediglich ein Element, um die strategischen Ziele des Unternehmens zu verwirklichen.

3.5.1 Der Wertbegriff und Shareholder Value

Wenn wir uns mit Investitionen in langfristiges Anlagevermögen befassen, ist ein Verständnis des Wertbegriffs von entscheidender Bedeutung. Unter dem Wert eines Unternehmens versteht man den Betrag, den ein Investor bereit wäre zu zahlen, um die zukünftigen Zahlungsströme des Unternehmens mit dem Risikoprofil des Unternehmens zu erhalten.

Dieses Konzept kann aber nicht nur zur Bestimmung des inneren Werts des gesamten Unternehmens herangezogen werden. Er kann auch zur Bewertung einzelner Investitionen herangezogen werden. Denn eine Investition ist für ein Unternehmen immer dann vorteilhaft, wenn sie einen Mehrwert schafft, der die dafür notwendige Investition übersteigt.

Betrachtet man z.B. die mögliche Investition in eine neue Maschine, so ist die Investition dann sinnvoll, wenn die Maschine insgesamt mehr Wert für das Unternehmen schafft, als es für die Anschaffung und Finanzierung der Maschine bezahlen muss.

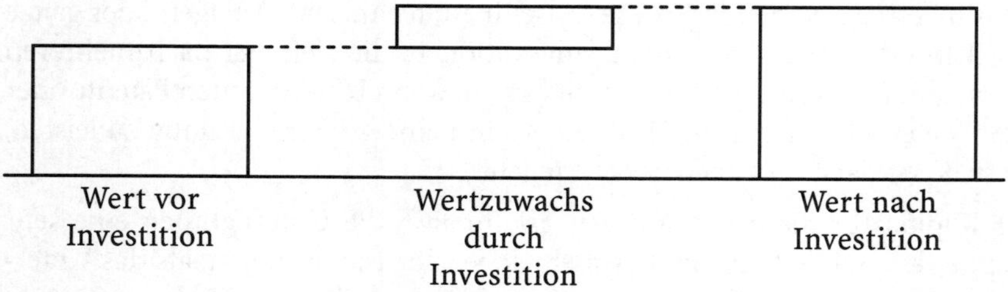

Abbildung 3.6: Wertentwicklung des Unternehmens durch wertstiftende Investitionen

Der Wertbegriff kann somit auch für den Vergleich alternativer Investitionsmöglichkeiten herangezogen werden. Vergleicht man z.B. mehrere Maschinen verschiedener Anbieter, so wird sich ein Unternehmen für die Maschine entscheiden, die den größten Wert für das Unternehmen schafft.

Wenn man noch einen Schritt weiter geht, kann das Wertkonzept auch verwendet werden, um ein gesamtes Investitionsprogramm für ein Unternehmen aufzustellen. Man würde das Programm so gestalten, dass, wenn ein zur Verfügung stehender Kapitalbetrag in eine Vielzahl von Investitionsprojekten investiert werden soll, in der Summe der größtmögliche Wert entsteht.

Ein Begriff, der sehr eng mit dem Wertbegriff verbunden ist, ist der »Shareholder Value«. Darunter versteht man den Wert eines Unternehmens aus Sicht der Eigentümer, also der »Shareholder«. Ein Unternehmen, das seinen Wert durch kluge Investitionen steigert, schafft damit gleichzeitig Wert für seine Eigentümer.

Allerdings muss der Wertbegriff noch ein wenig abgegrenzt werden, und zwar vom Begriff des Preises. Denn die Bedeutung der beiden Begriffe ist nicht identisch.

Nehmen wir als Beispiel die Aktie eines börsennotierten Unternehmens: Eine Aktie hat immer einen Kurs. Das ist der Betrag, zu dem eine Aktie des Unternehmens aktuell gehandelt wird, ein Preis also, auf den sich Käufer und Verkäufer einigen. Der Preis einer Aktie wird immer von der aktuellen Stimmung am Aktienmarkt beeinflusst. Sind die Anleger aufgrund schlechter Konjunkturdaten pessimistisch, sinkt der Aktienkurs. Gibt es gute Nachrichten, steigt das Interesse an den Aktien der Unternehmen und die Kurse steigen.

Davon zu unterscheiden ist der (innere) Wert einer Aktie. Dieser kann zumindest kurzfristig stark vom Aktienkurs abweichen. Denn der Wert einer Aktie lässt sich aus Sicht eines Investors bestimmen. Er schwankt nicht so stark wie der Aktienkurs.

Der Kurs einer Aktie am Aktienmarkt wird sehr oft von kurzfristigen Nachrichten bestimmt und ist daher sehr volatil. Werden beispielsweise Arbeitsmarktdaten veröffentlicht, die besser als erwartet ausfallen, steigen die Aktienkurse. Verschlechtern sich hingegen die Konjunkturaussichten wichtiger Forschungsinstitute, sinken auch die Aktienkurse.

An der Wahrnehmung des Unternehmenswerts durch den Anleger ändert sich dadurch in der Regel nichts. Der Wert ist stabil. Denn die meisten Investoren nehmen eine langfristige Perspektive ein und der (langfristig) betrachtete Wert eines Unternehmens wird von den meisten kurzfristigen Nachrichten eher wenig beeinflusst.

3.5.2 Investitionen im betrieblichen Umfeld

Innerhalb von Unternehmen wird ständig investiert. Zum einen werden Anlagegüter ersetzt, die zu wenig effizient sind oder das Ende ihrer Lebensdauer erreicht haben. Dies wird als »Ersatzinvestition« bezeichnet.

Zum anderen investieren Unternehmen aber auch in ihr eigenes Wachstum. Reichen die Produktionskapazitäten nicht mehr aus oder will das Unternehmen in neue Regionen oder Produktkategorien vordringen, werden zusätzliche Anlagen benötigt. In diesem Fall spricht man von Erweiterungsinvestitionen.

Wie wir gesehen haben, kann es sehr unterschiedliche Vorhaben geben, in die Unternehmen investieren. Am häufigsten sind Investitionen in

- Produktionsmaschinen,
- Logistikeinrichtungen und Fahrzeuge,
- Grundstücke und Gebäude,
- Entwicklungsprojekte,
- Software und
- andere Unternehmen.

Ideen für neue Investitionen gibt es in der Regel viele. Das Problem besteht darin, dass ein Unternehmen nicht jede Investitionsidee umsetzen kann. Das liegt daran, dass nicht genügend Kapital im Unternehmen vorhanden ist, um wirklich jede Investitionsidee realisieren zu können. Aber auch die Kapazitäten der nötigen Mitarbeiter zur Umsetzung von Investitionsvorhaben sind begrenzt. Neben dem Tagesgeschäft bleibt nur wenig Zeit, um strategische Projekte zu begleiten und voranzutreiben.

Ein Unternehmen muss sich daher selbst beschränken. Der Fokus muss auf die besten und wichtigsten Ideen gelegt werden. Es gilt daher, ein Investitionsprogramm aufzustellen, das die wichtigsten Projekte umfasst und gleichzeitig für die Organisation finanzierbar und umsetzbar ist.

Der Ausgangspunkt für ein solches Investitionsprogramm sollte die langfristige Strategie des Unternehmens sein. Hier legt die Geschäftsführung fest, wie sich das Unternehmen in den nächsten Jahren entwickeln soll. In welchen Bereichen will man tätig sein? Wie soll das Unternehmen regional positioniert werden? Welche Kernkompetenzen sollen auf- und ausgebaut werden? Das sind zentrale Fragen, die zunächst beantwortet werden müssen.

Aus den Antworten auf diese wichtigen Kernfragen ergibt sich fast automatisch der Investitionsbedarf. Will ein Unternehmen den gesamten europäischen Raum bedienen, muss es überall mit einem Angebot vertreten sein. Das wiederum erfordert unter Umständen den Aufbau lokaler Dependancen.

Das Investitionsprogramm umfasst somit alle Vorhaben, die sich aus der Unternehmensstrategie und den Wachstumsplänen ergeben. Eine grobe Abschätzung der dafür notwendigen finanziellen Mittel ermöglicht eine erste Einschätzung, ob die Strategie überhaupt finanzierbar und umsetzbar ist.

Ist ein grundsätzliches Investitionsprogramm erarbeitet, geht es um die Ausgestaltung und Umsetzung einzelner Investitionsprojekte innerhalb des Gesamtprogramms. Dabei ist die Frage zu beantworten, wie eine Einzelinvestition konkret auszugestalten ist.

Bei der Betrachtung von Einzelinvestitionen vergleicht ein Unternehmen sehr häufig verschiedene Optionen miteinander. Da die Optionen sehr unterschiedlich aussehen können und qualitativ nur schwer vergleichbar sind, werden objektive und quantifizierbare Vergleichsmethoden eingesetzt.

Dazu gehören die verschiedenen Methoden der Investitionsrechnung, die einen rein finanziellen Vergleich sehr unterschiedlicher Optionen miteinander ermöglichen.

Selbstverständlich werden Investitionen in der Praxis nicht ausschließlich auf Basis quantitativer Analysen getätigt. Die Unternehmen berücksichtigen selbstverständlich auch qualitative und strategische Aspekte. Die Ergebnisse der Investitionsrechnung stellen somit nur einen einzigen, wenn auch häufig sehr wichtigen Teilaspekt des gesamten Entscheidungsprozesses dar.

3.5.3 Der Zeitwert des Geldes

Die meisten Methoden der Investitionsrechnung basieren auf dem zentralen Konzept des »Zeitwerts des Geldes«. Das Verständnis dieses Konzepts ist entscheidend, um die richtigen Investitionsentscheidungen zu treffen. Es ist auch für die Adressaten von Finanzinformationen hilfreich, um Entscheidungen darüber zu treffen, ob sie in ein Unternehmen investieren sollen.

Die Grundidee des Zeitwerts des Geldes ist, dass ein bestimmter Geldbetrag, den man heute erhalten kann, mehr wert ist als der gleiche Betrag an einem Tag in der Zukunft. Oder einfacher ausgedrückt: Ein Euro heute ist mehr wert als ein Euro morgen.

Warum ist das so? Ein Betrag, den man heute erhält, kann direkt angelegt werden. Dadurch erhält man in der Zukunft einen höheren Betrag zurück, da man nicht nur den investierten Betrag erhält, sondern zusätzlich noch Zinsen auf diesen Betrag. Ein Euro, der heute für ein Jahr zu 10% angelegt wird, ist in einem Jahr 1,10 Euro wert und nicht mehr 1 Euro.

Für die Investitionsrechnung ist dieser Umstand von entscheidender Bedeutung. Denn langfristige Investitionen sind Projekte, bei denen die Zahlungsströme für das Unternehmen über einen langen Zeitraum anfallen. Eine Maschine kann dem Unternehmen beispielsweise über zehn Jahre positive Erträge bringen. Und ein Ertrag, der in der Zukunft anfällt, ist aus heutiger Sicht weniger wert.

Deshalb kann man in der Investitionsrechnung nicht einfach die positiven Erträge einer Investition addieren, um das Gesamtergebnis der Investition zu erhalten. Zahlungsströme zu verschiedenen Zeitpunkten können nicht einfach addiert werden.

Vielmehr müssen die verschiedenen Zahlungsströme auf den gleichen Zeitpunkt umgerechnet werden. Ein Zahlungsstrom in fünf Jahren muss auf den heutigen Tag umgerechnet werden.

Je nachdem, ob ein Zahlungsstrom in die Zukunft umgerechnet wird oder ein zukünftiger Zahlungsstrom auf einen früheren Zeitpunkt umgerechnet wird, nennt man diesen Rechenvorgang Aufzinsung oder Abzinsung.

Wir haben das bereits mit dem Ein-Euro-Beispiel gemacht. Ein Euro heute kann bei einer Rendite von 10% in einem Jahr 1,10 Euro wert sein. Ebenso können 1,10 Euro in einem Jahr einen Euro heute wert sein, wenn die Rendite darauf 10% beträgt.

Oder allgemeiner in einer Formel ausgedrückt: Der zukünftige Wert einer Zahlung heute berechnet sich wie folgt:

$$\text{Zukünftiger Wert} = \text{Heutiger Wert} \cdot (1 + r)^n$$

Dabei ist r die Rendite, die mit der Investition erzielt werden kann. Und n ist die Anzahl der Jahre, für die der Wert in der Zukunft berechnet werden soll.

Ein Zahlungsstrom in der Zukunft kann aber auch in einen heutigen Wert umgerechnet werden, den man als »Barwert« bezeichnet:

$$\text{Barwert} = \frac{\text{Zukünftiger Wert}}{(1 + r)^n}$$

Dabei entspricht r wieder der Rendite, die mit diesem Zahlungsstrom verbunden ist, und n der Anzahl der Jahre, bis der zukünftige Zahlungsstrom in der Zukunft anfällt.

3.5.4 Statische und dynamische Verfahren

Im Laufe der Zeit wurden verschiedene Methoden entwickelt, um einzelne Investitionsprojekte zu bewerten und mit anderen Optionen zu vergleichen. Diese können grob in zwei Kategorien eingeteilt werden:

- statische Verfahren
- dynamische Verfahren

Statische Verfahren

Statische Verfahren sind sehr einfache Methoden, mit denen Investitionen grob bewertet und miteinander verglichen werden können. Mithilfe der statischen Verfahren der Investitionsrechnung ist eine sehr grobe Analyse möglich. Damit kann aber nur festgestellt werden, ob sich der Aufwand für eine tiefergehende Analyse überhaupt lohnt. Eine endgültige Entscheidung über ein konkretes Investitionsvorhaben oder auch die Entscheidung zwischen verschiedenen Investitionsmöglichkeiten sollte nicht allein auf der Basis statischer Verfahren getroffen werden.

Dennoch erfreuen sich einige statische Verfahren aufgrund ihrer Einfachheit nach wie vor großer Beliebtheit in der Praxis. Die wichtigsten statischen Verfahren sind

- »Payback-Periode«,
- Kostenvergleich und
- Rentabilitätsvergleich.

Insbesondere die Payback-Periode wird noch in sehr vielen Unternehmen angewendet, um herauszufinden, wie lange es dauert, bis sich eine Investition amortisiert hat.

Der Hauptkritikpunkt an den statischen Verfahren ist, dass sie das Konzept des Zeitwerts des Geldes nicht berücksichtigen. Zahlungsströme, die zu unterschiedlichen Zeitpunkten anfallen, werden bei den statischen Verfahren als gleichwertig angesehen.

Dynamische Verfahren

Abhilfe schaffen die dynamischen Verfahren der Investitionsrechnung. Sie sind geeignet, einen belastbaren Vergleich verschiedener Optionen durchzuführen. Auf Basis der Ergebnisse dynamischer Verfahren können finanzmathematisch korrekte Aussagen über die Sinnhaftigkeit einer Investition unter der Bedingung gültiger Annahmen getroffen werden.

Insbesondere größere Investitionsvorhaben sollten daher immer einer intensiven Analyse mithilfe dynamischer Investitionsrechnungen unterzogen werden. Erst wenn eine dynamische Methode zu dem Ergebnis kommt, dass die Investition wirtschaftlich ist, sollte sie durchgeführt werden.

Die wichtigsten Verfahren der dynamischen Investitionsrechnung sind

- die Kapitalwertmethode und
- der interne Zinsfuß.

3.5.5 Kapitalwertmethode

Die am weitesten verbreitete und robusteste dynamische Methode zur Bewertung von Investitionen ist die Kapitalwertmethode, die man auch als »Net Present Value« (NPV) bezeichnet. Sie eignet sich für die Analyse und Bewertung eines breiten Spektrums unterschiedlicher Projekte. Dies kann die Entscheidung eines Unternehmens betreffen, in eine bestimmte Maschine zu investieren. Aber auch die Überlegung, ein Konkurrenzunternehmen zu übernehmen, kann mithilfe des NPV bewertet werden.

Um eine Investition zu analysieren, muss zunächst eine Finanzplanung erstellt werden. Diese zeigt detailliert alle finanziellen Effekte auf, die sich aus einer Investition im Zeitablauf ergeben. Eine solche Prognose kann daher leicht mehrere Jahre umfassen.

Je weiter die finanziellen Effekte in die Zukunft reichen, desto schwieriger wird es natürlich, sie zuverlässig zu prognostizieren. Die Beurteilung einer Investition hat daher auch viel mit Marktkenntnis und Erfahrung zu tun. Dennoch kann man fast sicher sein, dass die finanziellen Effekte nicht so eintreten werden, wie man es erwartet hat.

Aus diesem Grund versuchen Unternehmen auch gar nicht erst, eine Prognose als absolute Wahrheit anzusehen. Stattdessen arbeitet man mit Annahmen und erarbeitet alternative Szenarien. Das Ziel ist es, eine Bandbreite möglicher Ergebnisse zu entwickeln und diese Bandbreite dann der Analyse zu unterziehen.

Die Zahlungsströme, die sich aus der Prognose ergeben, werden alle auf den gleichen Zeitpunkt umgerechnet. Meistens werden die Auswirkungen auf den Tag der Analyse berechnet.

Anschließend werden die Barwerte aller Zahlungsströme addiert. Die Summe der positiven Barwerte ergibt den Barwert der Investition. Subtrahiert man von diesem Gesamtbarwert die erforderliche Investition, so erhält man den Kapitalwert (Net Present Value oder NPV) der Investition.

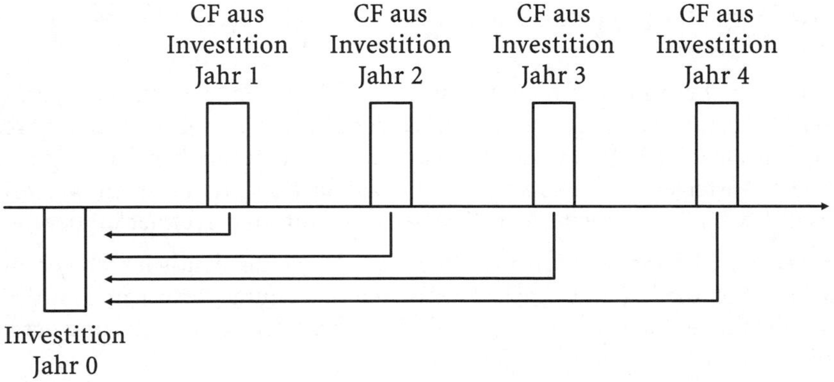

Abbildung 3.7: Konzeptionelle Idee der Kapitalwertmethode

Ist dieser Kapitalwert größer als Null, so schafft die Investition einen Mehrwert für das Unternehmen. Sie ist also positiv und sollte durchgeführt werden. Ist der Kapitalwert jedoch kleiner als Null, vernichtet die Investition Wert. Die erforderliche Investition ist also größer als die Summe der Barwerte der zukünftigen Zahlungsströme, die aus der Investition resultieren. Sie ist daher abzulehnen und sollte nicht durchgeführt werden.

Die Kapitalwertmethode eignet sich nicht nur zur Beurteilung der Sinnhaftigkeit eines einzelnen Projektes. Man kann die Methode auch verwenden, um verschiedene gleichwertige und konkurrierende Optionen miteinander zu vergleichen.

In einem solchen Fall würde man für jede Option den NPV berechnen. Man würde sich dann für die Option entscheiden, die den höchsten positiven Kapitalwert generiert.

Herausforderung der Planung

Wie bereits erwähnt, besteht die große Schwierigkeit bei der Bewertung von Investitionen darin, die zukünftige Entwicklung und die finanziellen Auswirkungen der Investition zuverlässig vorherzusagen. Dies ist nahezu unmöglich.

Dennoch sollte zumindest der Versuch unternommen werden, eine möglichst realistische Prognose zu entwickeln. Dabei kommt man zwangsläufig zu Überlegungen, die viel über die Umsetzung der Investition aussagen.

Um noch mehr Sicherheit bei der Durchführung von Investitionen zu erhalten, können zentrale Annahmen der Prognose daraufhin getestet werden, wie sie den Kapitalwert der Investition beeinflussen. Man spricht hier von Sensitivitäten.

So kann z.B. berechnet werden, wie sich der NPV verändert, wenn ein geringeres Wachstum der finanziellen Effekte der Investition angenommen wird. Oder wie sich der NPV verändert, wenn die Kosten gegenüber der Prognose deutlich ansteigen. Mithilfe von Tabellenkalkulationsprogrammen wie Microsoft Excel können solche Sensitivitäten sehr einfach berechnet werden.

Bei der Berechnung von Sensitivitäten liegt der Fokus deutlich weniger auf der Frage, ob die Planung einer realistischen Erwartung entspricht. Stattdessen ermöglichen sie eine Diskussion über die zentralen Annahmen und deren Einfluss auf die Sinnhaftigkeit der Investition.

Wie sehr glaubt das Management an das angenommene Umsatzwachstum, das aus der Investition resultiert? Wie ändert sich die Sinnhaftigkeit der Investition, wenn die Materialkosten um 20% gegenüber der Prognose steigen? Wie wirkt sich eine Zinswende auf das Ergebnis der Analyse aus?

Eine solche Diskussion im Vorfeld einer Investition kann sehr wertvolle Erkenntnisse liefern und hilft, bei der Umsetzung der Investition auf die zentralen Stellschrauben zu achten.

Beispiel zur Kapitalwertmethode

Die Kapitalwertmethode lässt sich am besten anhand eines Beispiels erläutern. Angenommen, ein Unternehmen möchte in eine Maschine investieren. Diese kostet in der Anschaffung 90.000 Euro und wird in den nächsten fünf Jahren jeweils 22.000 Euro an positiven Zahlungseingängen generieren. Das Unternehmen hält einen Finanzierungssatz von 10% für diese Investition für angemessen. Lohnt sich die Investition in diese Maschine oder nicht? Finden wir es heraus, indem wir den Kapitalwert dieser Investition berechnen:

$$\text{Kapitalwert} = -90.000 + \frac{22.000}{1{,}1^1} + \frac{22.000}{1{,}1^2} + \frac{22.000}{1{,}1^3} + \frac{22.000}{1{,}1^4} + \frac{22.000}{1{,}1^5}$$

$$\text{Kapitalwert} = -90.000 + \frac{22.000}{0{,}91} + \frac{22.000}{0{,}83} + \frac{22.000}{0{,}75} + \frac{22.000}{0{,}68} + \frac{22.000}{0{,}62}$$

$$\text{Kapitalwert} = -90.000 + 20.000 + 18.182 + 16.529 + 15.026 + 13.660$$

$$\text{Kapitalwert} = -6.603$$

Abbildung 3.8: Beispiel zur Kapitalwertmethode (Zahlen gerundet)

Die Summe der Barwerte der zukünftigen Zahlungseingänge ist kleiner als die notwendige Investition in die Maschine. Daher ist der Kapitalwert dieser

Investition negativ. Die Investition sollte daher nicht durchgeführt werden, da sie zu einer Verringerung des Unternehmenswerts führen würde.

Die zentralen Aussagen des Kapitels

- Die Bilanz hat zwei Seiten: Die Aktivseite enthält alle Vermögenswerte des Unternehmens und zeigt damit die Mittelverwendung, während die Passivseite die Kapitalstruktur und damit die Mittelherkunft darstellt.
- Die Aktivseite gliedert sich in langfristiges Anlagevermögen, das dem Unternehmen länger als ein Jahr dient, und kurzfristiges Umlaufvermögen, das innerhalb der nächsten zwölf Monate aus dem Unternehmen ausscheidet.
- Die Passivseite enthält das Eigenkapital, das auch als »Residualvermögen« bezeichnet wird, und das Fremdkapital, das die Schulden des Unternehmens umfasst.
- Die kurzfristigen Bilanzpositionen Vorräte, Forderungen aus Lieferungen und Leistungen sowie Verbindlichkeiten aus Lieferungen und Leistungen bilden das Net Working Capital ab, das Kapital bindet und daher einer ständigen Optimierung im Rahmen des Working Capital Managements unterliegt.
- Unternehmen investieren Kapital in langfristiges Anlagevermögen mit dem Ziel, eine positive Rendite zu erwirtschaften. Zur Beurteilung der Investitionsvorhaben setzen sie unterschiedliche Methoden ein. Die bekannteste und verbreitetste ist die Kapitalwertmethode, die man auch als »Net Present Value (NPV)« bezeichnet.

Kapitel 4

Die Gewinn- und Verlustrechnung verstehen

Die Gewinn- und Verlustrechnung (GuV) ist der zweite wichtige Bestandteil des Jahresabschlusses. Sie ist eine Detailrechnung, die einen tieferen Einblick in die Veränderung des Eigenkapitals gibt. Sie konzentriert sich auf den Erfolg des Unternehmens, der sich aus der wirtschaftlichen Tätigkeit ergibt. Sie wird daher auch als »Erfolgsrechnung« bezeichnet. Sie zeigt, wie der Erfolg entstanden ist und aus welchen Quellen er sich zusammensetzt. Dabei erlaubt die Gewinn- und Verlustrechnung vor allem einen tiefen Einblick in die Kostenstruktur eines Unternehmens.

Die Struktur der Gewinn- und Verlustrechnung gewährt aber auch einen direkten Einblick in die Struktur des Unternehmens selbst. In welchen Bereichen ist das Unternehmen wie intensiv tätig und für welche Aktivitäten fallen Kosten an? All diese Fragen werden in der Gewinn- und Verlustrechnung beantwortet.

Damit ermöglicht die Gewinn- und Verlustrechnung auch den Vergleich des Unternehmens mit anderen Unternehmen der gleichen Branche. Durch den Vergleich der verschiedenen Strukturen kann festgestellt werden, wo die strukturellen Unterschiede der Unternehmen liegen und welche »Stärken« und »Schwächen« bei einzelnen Unternehmen vorhanden sind.

In diesem Kapitel wollen wir uns näher mit dem Aufbau und den Inhalten der Gewinn- und Verlustrechnung beschäftigen. Dazu wird zunächst auf den grundsätzlichen Aufbau der Gewinn- und Verlustrechnung eingegangen und die Begriffe »Gewinn« und »Verlust« definiert. Anschließend beschäftigen wir uns mit den zwei grundsätzlichen Gliederungsmöglichkeiten einer Gewinn- und Verlustrechnung. In den folgenden Abschnitten gehen wir auf die einzelnen Bestandteile der Gewinn- und Verlustrechnung ein. Zum Abschluss des Kapitels beschäftigen wir uns mit den verschiedenen Ergebniskennzahlen und gehen auf die Ausschüttungs- und Dividendenpolitik eines Unternehmens ein.

4.1 Grundstruktur einer Gewinn- und Verlustrechnung

Betrachten wir zunächst die Grundstruktur der Gewinn- und Verlustrechnung. Diese ist relativ einfach. Im Prinzip werden die Erträge eines Unternehmens seinen Aufwänden gegenübergestellt. Die Erträge werden als Umsatz und die Kosten als »Aufwand« bezeichnet. Die Grundstruktur der Gewinn- und Verlustrechnung sieht also wie folgt aus:

Gewinn / Verlust = Umsatzerlöse - Aufwendungen

Der Umsatz entspricht dem Wert aller verkauften Leistungen des Unternehmens in der betrachteten Periode. Jedes Mal, wenn ein Unternehmen eines seiner Produkte liefert oder eine Dienstleistung erbringt, generiert es Umsatz. Es ist wichtig zu verstehen, dass der Umsatz ohne Umsatzsteuer berechnet wird. Diese wird umgangssprachlich oft als »Mehrwertsteuer« bezeichnet.

Der Aufwand entspricht den Kosten, die einem Unternehmen in der Periode entstanden sind. Der Aufwand entsteht für alle Leistungen, die das Unternehmen selbst in Anspruch nehmen muss, um seine eigenen Leistungen erbringen und an seine Kunden verkaufen zu können. Wofür in einem Unternehmen Aufwand entstehen kann, wird im Folgenden näher betrachtet.

Ist der Umsatz eines Unternehmens höher als der Aufwand, entsteht ein Gewinn, der ein positives Ergebnis darstellt. Dieser Gewinn schlägt sich auch in einer Erhöhung des Eigenkapitals in der Bilanz nieder, sofern es keine anderen Effekte gibt, die das Eigenkapital beeinflussen.

Sind die Aufwendungen des Unternehmens jedoch höher als der Umsatz, so erwirtschaftet das Unternehmen in der Periode einen Verlust. Dies ist wiederum gleichbedeutend mit einer Verringerung des Eigenkapitals aufgrund der wirtschaftlichen Tätigkeit des Unternehmens.

Üblicherweise wird die Gewinn- und Verlustrechnung in einer Staffelform dargestellt, in der die einzelnen Positionen untereinander angeordnet sind. Ganz oben in der Staffelform stehen die Umsatzerlöse des Unternehmens, von denen nach und nach die einzelnen Aufwendungen abgezogen werden. Ganz am Ende steht der Gewinn oder Verlust des Unternehmens.

GuV

Umsatz
- Aufwand

= Gewinn/Verlust

Abbildung 4.1: Die Gewinn- und Verlustrechnung (GuV) in Staffelform

Alternativ kann die Gewinn- und Verlustrechnung auch in Form eines T-Kontos dargestellt werden. Dies ist jedoch in der Praxis eher selten der Fall.

Bei der Darstellung der Gewinn- und Verlustrechnung in einem T-Konto werden die Erträge auf der rechten Seite des Kontos dargestellt, die auch als »Habenseite« bezeichnet wird. Die Aufwendungen hingegen werden auf der linken Seite dargestellt. Diese wird auch als »Sollseite« des Kontos bezeichnet. Je nachdem, ob ein Unternehmen einen Gewinn oder einen Verlust erwirtschaftet, wird dieser auf unterschiedlichen Seiten des Kontos ausgewiesen. Der Grund dafür ist, dass beide Seiten eines Kontos ausgeglichen sind, ähnlich wie bei einer Bilanz.

Erwirtschaftet das Unternehmen einen Gewinn, so ist die Habenseite mit den Einnahmen größer als die Sollseite mit den Ausgaben. Daher wird der Gewinn auf der Sollseite unter den Aufwendungen ausgewiesen.

Sind jedoch die Aufwendungen des Unternehmens höher als der Umsatz, so macht das Unternehmen einen Verlust. Dieser wird auf der Habenseite unter dem Umsatz ausgewiesen.

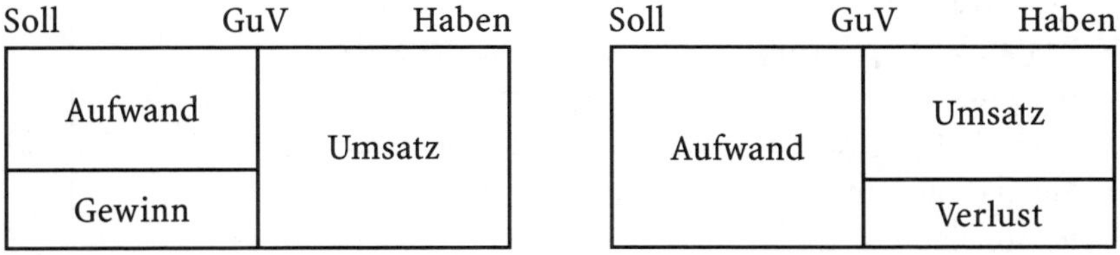

Abbildung 4.2: Die Gewinn- und Verlustrechnung (GuV) in T-Konto-Form

Unternehmen müssen langfristig Gewinne erwirtschaften. Nur so sind sie dauerhaft in der Lage, die notwendigen Investitionen in den Substanzerhalt und ein mögliches weiteres Wachstum zu finanzieren. Zudem wird nur ein dauerhaft profitables Unternehmen einen Eigentümer finden, der bereit ist, das unternehmerische Risiko dauerhaft zu tragen.

Natürlich sind die meisten Unternehmen nicht in jedem Geschäftsjahr profitabel, sondern haben auch Phasen, in denen es wirtschaftlich nicht so gut läuft. Das liegt an der gesamtwirtschaftlichen Entwicklung, am Wettbewerb und an sich ändernden Kundenbedürfnissen. Nicht jedes Unternehmen passt sich diesen Veränderungen schnell genug an, sodass es immer wieder zu Verlustphasen kommen kann. Langfristig muss ein Unternehmen jedoch eine gute Rentabilität erreichen, um am Markt bestehen zu können.

4.2 Umsatz- und Gesamtkostenverfahren

Nachdem wir den grundsätzlichen Aufbau der Gewinn- und Verlustrechnung verstanden haben, schauen wir uns die Gliederung im Detail an. Eine Gewinn- und Verlustrechnung kann nach zwei verschiedenen Verfahren erstellt werden:

- Umsatzkostenverfahren
- Gesamtkostenverfahren

Beide Verfahren führen immer zum exakt gleichen Endergebnis, nämlich dem Gewinn oder Verlust des Unternehmens in der betrachteten Periode. Sie unterscheiden sich jedoch in der Art der enthaltenen Posten und damit in ihrer Struktur. Insbesondere bei den Aufwendungen unterscheiden sich die beiden Verfahren deutlich. Darüber hinaus setzen sie unterschiedliche Schwerpunkte dahingehend, welche Informationen in der Gewinn- und Verlustrechnung im Vordergrund stehen.

GuV nach GKV (vereinfacht)	GuV nach UKV (vereinfacht)
Umsatzerlöse	Umsatzerlöse
+/- Bestandsveränderung	- Umsatzkosten
= Gesamtleistung	= Bruttoergebnis
+ Sonst. betr. Erträge	- F&E-Kosten
- Materialaufwand	- Vertriebskosten
- Personalaufwand	- Allg. Verwaltungskosten
- Abschreibungen	+/- Sonst. betr. Erträge / Aufw.
- Sonst. betr. Aufwendungen	
= Operatives Ergebnis / EBIT	
+/-Finanzergebnis	
= EBT	
- Steuern	
= Gewinn / Verlust	

Abbildung 4.3: Die Gewinn- und Verlustrechnung (GuV) nach dem Gesamtkosten- und Umsatzkostenverfahren in vereinfachter Form

4.2.1 Das Umsatzkostenverfahren

Das Umsatzkostenverfahren (UKV) ist das international gebräuchlichste Verfahren zur Gliederung der Gewinn- und Verlustrechnung. Der Großteil aller großen Unternehmen, deren Aktien an der Börse gehandelt werden, stellen ihre Gewinn- und Verlustrechnung nach dem Umsatzkostenverfahren dar. Wie der Name schon sagt, steht beim Umsatzkostenverfahren die Umsatztätigkeit des Unternehmens im Mittelpunkt.

Im Mittelpunkt stehen die Umsätze, die das Unternehmen in der Periode erwirtschaftet hat. Das Umsatzkostenverfahren beantwortet also die Frage, in welchem Umfang ein Unternehmen in der betrachteten Periode Leistungen absetzen konnte. Diese Information steht im Mittelpunkt des Umsatzkostenverfahrens.

Auch bei den im UKV ausgewiesenen Kosten liegt der Fokus nur auf den Kosten, die tatsächlich zur Erzielung der Umsatzerlöse angefallen sind. Kosten für nicht verkaufte, aber hergestellte Produkte werden im Umsatzkostenverfahren nicht ausgewiesen.

Die Aufwendungen im Umsatzkostenverfahren werden nach betrieblichen Funktionen gegliedert. Man spricht daher auch von Funktionskosten. Die Gliederung erfolgt üblicherweise in vier Kategorien:

- Umsatzkosten
- Forschungs- und Entwicklungskosten (optional)
- Marketing- und Vertriebskosten
- allgemeine Verwaltungskosten

Umsatzkosten

Die Umsatzkosten stellen die Kosten dar, die für die eigentliche Leistungserstellung des Unternehmens anfallen. Bei einem produzierenden Unternehmen sind dies alle Kosten, die in der Produktion für die abgesetzten Leistungen anfallen, z.B. Materialkosten, Personalkosten für die Produktionsmitarbeiter, Kosten für Maschinen, Raumkosten für die Produktionshalle, Kosten für die Produktionsleitung, etc.

Forschungs- und Entwicklungskosten

Forschungs- und Entwicklungskosten beziehen sich auf die Entwicklungsabteilung eines Unternehmens. Wenn ein Unternehmen Grundlagenforschung betreibt, um neue Technologien zu erforschen, werden die damit verbundenen Aufwendungen in den F&E-Kosten ausgewiesen. Auch die konkrete

Entwicklung neuer Produkte oder die Überarbeitung bestehender Produkte zählen zu den Forschungs- und Entwicklungskosten.

Marketing- und Vertriebskosten

Kosten, die für den Absatz der Leistungen des Unternehmens anfallen, werden unter den Marketing- und Vertriebskosten ausgewiesen. Hierzu zählen beispielsweise gebuchte Werbeanzeigen oder Kosten für den Internetauftritt des Unternehmens. Auch die Gehälter der Vertriebsmitarbeiter und des Innendienstes gehören zu den hier ausgewiesenen Kosten.

Allgemeine Verwaltungskosten

Die allgemeinen Verwaltungskosten umfassen alle übrigen Kosten, die nicht einem der anderen drei Bereiche zugeordnet werden können. Typischerweise finden sich hier die Kosten der Personalabteilung, die Kosten der Unternehmens-IT, die Kosten der Finanzabteilung und die Kosten der Geschäftsführung des Unternehmens.

4.2.2 Gesamtkostenverfahren

Das Gesamtkostenverfahren (GKV) ist das alternative Gliederungsschema für die Gewinn- und Verlustrechnung. Es ist bei international agierenden Großunternehmen eher unüblich und kommt vor allem im deutschen Mittelstand vor.

Beim Gesamtkostenverfahren stehen die gesamten im Unternehmen in einer Periode angefallenen Kosten im Vordergrund. Es werden alle Kosten des Unternehmens ausgewiesen, und zwar unabhängig davon, ob die produzierten Leistungen auch vollständig abgesetzt wurden oder nicht. Das Gesamtkostenverfahren weist beispielsweise auch die Materialkosten für Produkte aus, die zwar produziert, aber nicht verkauft wurden.

Um dies auszugleichen, wird im GKV nicht nur der Umsatz der abgesetzten Leistungen ausgewiesen. Zusätzlich wird auch die Bestandsveränderung an Halb- und Fertigerzeugnissen in die Darstellung des GKV einbezogen. Damit wird erreicht, dass den Kosten eine entsprechende Leistung gegenübergestellt wird und das GKV und das UKV zum gleichen Ergebnis kommen. Denn wenn ein Unternehmen in einem Jahr viele Produkte hergestellt hat, diese aber nicht absetzen konnte, erhöhen diese den Bestand an Fertigerzeugnissen. Ein Unternehmen würde in diesem Fall also eine Bestandserhöhung ausweisen. Zusammen mit den Umsatzerlösen ergibt sich die Gesamtleistung des Unternehmens.

Im Gesamtkostenverfahren werden die Aufwendungen nicht nach betrieblichen Funktionen, sondern nach der Art der angefallenen Kosten gegliedert. Die wichtigsten Kostenarten im Gesamtkostenverfahren sind

- Materialaufwand,
- Personalaufwand und
- Abschreibungen.

Materialaufwand

Der Materialaufwand umfasst alle Aufwendungen für Roh-, Hilfs- und Betriebsstoffe sowie Handelswaren, die während der Periode angefallen sind. Insbesondere produzierende Unternehmen weisen hohe Materialkosten aus, da sie für die Herstellung ihrer Produkte umfangreiche Mengen an Roh-, Hilfs- und Betriebsstoffen einsetzen und verbrauchen.

Personalaufwand

Der Personalaufwand umfasst alle Kosten für die Mitarbeiter des Unternehmens. Dazu gehören gezahlte Löhne und Gehälter, aber auch Personalnebenkosten wie Arbeitgeberbeiträge zu den Sozialkassen. Neben den Materialkosten sind die Personalkosten in vielen Unternehmen der zweite große Kostenblock. Gerade bei Dienstleistungsunternehmen sind die Personalaufwendungen die bestimmende Aufwandsposition.

Abschreibungen

Abschreibungen stellen den Aufwand für den Wertverzehr des Anlagevermögens dar. Eine Maschine, die über mehrere Jahre im Betrieb eingesetzt wird, kostet oft sehr viel Geld. Diese Kosten werden in der Gewinn- und Verlustrechnung nicht im Jahr der Anschaffung in voller Höhe ausgewiesen, sondern über die Nutzungsdauer der Maschine verteilt. Dieser zeitanteilige Aufwand für die Abnutzung der Maschine wird durch Abschreibungen abgebildet.

4.3 Umsatzrealisierung

Der Umsatz eines Unternehmens ist der Gesamtwert der von ihm in einer Periode abgesetzten Leistungen. Dazu gehören die Verkäufe der hergestellten Produkte und der eingekauften Handelswaren, aber auch der Wert der erbrachten Dienstleistungen.

Der Umsatz ist für ein Unternehmen überlebenswichtig. Ohne Umsatz können die Kosten nicht bezahlt werden. Es wird kein Gewinn erzielt. Ohne Umsatz ist ein Unternehmen schnell zahlungsunfähig. Daher ist der Umsatz eines Unternehmens von großer Bedeutung und erfordert Aufmerksamkeit.

Für die Beschäftigung mit den Finanzen eines Unternehmens ist vor allem die Frage interessant, wann genau Umsatz entsteht. Man spricht in der Finanzwirtschaft auch von der Umsatzrealisierung. Für den Zeitpunkt sind verschiedene Möglichkeiten denkbar:

- Der Umsatz kann zum Beispiel bereits bei der Lieferung der Produkte realisiert werden.
- Oder er wird erst mit der Rechnungsstellung realisiert.
- Es könnte aber auch erst der Zeitpunkt der Zahlung durch den Kunden in Frage kommen.

Grundsätzlich kann man sagen, dass der Zeitpunkt der Umsatzrealisierung der Zeitpunkt ist, an dem das Unternehmen die vereinbarte Leistung vollständig erbracht hat. Wenn ein produzierendes Unternehmen die Waren eines Auftrags vollständig geliefert hat, ist der Umsatz realisiert. Dies ist unabhängig davon, ob bereits eine Rechnung gestellt wurde oder der Kunde bezahlt hat. Entscheidend ist allein die vollständige Erbringung der vereinbarten Leistung beim Kunden.

So einfach dieser Grundsatz klingt, so komplex ist seine Auslegung in der Praxis. Dies wird besonders deutlich, wenn man an sehr lange laufende Projekte denkt. Ein Unternehmen, das beispielsweise ein Kraftwerk baut, ist allein mit diesem Auftrag über Jahre beschäftigt. Streng genommen ist die Leistung erst dann erbracht, wenn das Kraftwerk vollständig errichtet ist und erfolgreich in Betrieb genommen werden konnte. Für das Unternehmen würde dies jedoch bedeuten, dass mehrere Jahre vergehen, in denen es zwar Personal- und Materialkosten hat, aber noch keinen Umsatz. Das Ergebnis wären im Extremfall mehrjährige Verluste bis hin zur Überschuldung und Insolvenz des Unternehmens.

Aus diesem Grund bieten die verschiedenen Rechnungslegungsvorschriften unterschiedliche Methoden an, um in diesem Fall einen Teil des Gesamtumsatzes vorzeitig zu erfassen.

Eine international weit verbreitete Methode ist die »Percentage-of-Completion«-Methode. Hier wird der Gesamtumsatz des Projekts entsprechend dem prozentualen Gesamtfortschritt vorab ausgewiesen. Wurden also in einem Jahr 10% Fertigstellungsgrad erreicht, so werden in diesem Jahr 10% des gesamten Projektumsatzes ausgewiesen.

Das deutsche HGB ist hier allerdings besonders streng und lässt die Percentage-of-Completion-Methode nicht zu. Stattdessen wird in der Regel auf die Abnahme durch den Kunden abgestellt. Ein Unternehmen sollte daher bei besonders großen und langwierigen Projekten Teilabnahmen mit dem Kunden vertraglich vereinbaren. In diesem Fall kann der Umsatz für diese Phase bereits vorzeitig in der Gewinn- und Verlustrechnung ausgewiesen werden.

In der Analyse wird den angewandten Methoden der Umsatzrealisierung große Aufmerksamkeit geschenkt. Dies liegt daran, dass Umsätze mithilfe dieser Methoden früher oder später ausgewiesen werden können. Den Unternehmen steht damit ein Instrumentarium zur Verfügung, mit dem sie die Höhe der Umsatzerlöse und damit die Rentabilität des Unternehmens gezielt beeinflussen können. Im Zweifelsfall kann dies über Gewinn oder Verlust eines Jahres entscheiden.

4.4 Auftragseingang und Auftragsbuch

Um die Bedeutung des Umsatzes eines Unternehmens weiter zu unterstreichen, möchte ich noch auf die wichtigen Begriffe Auftragseingang und Auftragsbuch eingehen. Deren Verständnis hilft, die Stärke eines Unternehmens und seine Fähigkeit, Umsatz zu generieren, einzuordnen.

Der Auftragseingang ist dem Umsatz vorgelagert. Er ist die Summe der neuen Aufträge, die ein Unternehmen in einem bestimmten Zeitraum erhalten hat. Man könnte den Auftragseingang auch als zukünftigen Umsatz bezeichnen. Der Auftrag liegt im Unternehmen vor und wurde vom Kunden bereits erteilt. Er muss aber noch ausgeführt werden, bevor das Unternehmen ihn als Umsatz verbuchen kann. In der Praxis betrachten Unternehmen den Auftragseingang idealerweise auf täglicher Basis.

Man kann den Auftragseingang auch als Frühindikator für den späteren Umsatz betrachten. Anhand des Auftragseingangs weiß ein Unternehmen ein Stück weit im Voraus, wie sich der Umsatz in den kommenden Wochen und Monaten entwickeln wird.

Gerät der Auftragseingang unter Druck, weiß das Unternehmen etwas früher, dass auch der Umsatz und damit das Ergebnis unter Druck geraten werden.

Um einen kontinuierlichen Umsatz zu erzielen, muss ein Unternehmen daher ebenso kontinuierlich neue Aufträge akquirieren. Um einen guten Umsatz zu erzielen, sollte sich das Unternehmen also auf einen guten Auftragseingang konzentrieren.

In engem Zusammenhang mit dem Auftragseingang steht das Auftragsbuch. Es ist die Summe der eingegangenen Aufträge, die noch nicht als Umsatz realisiert wurden. Der Auftragseingang wird also im Auftragsbuch gesammelt. Jedes Mal, wenn ein Kunde einen neuen Auftrag erteilt, erhöht sich das Geschäftsvolumen im Auftragsbuch. Wenn ein Unternehmen einen Auftrag ausführt und seine Leistung erbringt, verschwindet dieser Auftrag aus dem Auftragsbuch, da er zu Umsatz geworden ist.

Das Auftragsbuch kann daher als ein Sammelbecken für noch nicht erbrachte Leistungen des Unternehmens angesehen werden. Er ist das Potenzial für zukünftigen Umsatz. Das Unternehmen hat die Aufträge und damit den Umsatz aus diesen Aufträgen bereits sicher. Es muss sie »nur noch« abarbeiten und seine Leistung erbringen.

Aus der Höhe des Auftragsbuchs und der Höhe des durchschnittlichen Umsatzes pro Tag lässt sich berechnen, wie lange ein Unternehmen von seinem Auftragsbuch zehren kann, ohne neue Aufträge zu akquirieren. Bei einem Auftragsbuch von 100.000 Euro und einem durchschnittlichen Tagesumsatz von 1.000 Euro kann das Unternehmen weitere 100 Tage lang Umsatz generieren, selbst wenn es keine neuen Aufträge mehr erhält.

Der Auftragsbestand ist somit ein Indikator dafür, wie viel Umsatz das Unternehmen heute schon für die Zukunft gesichert hat und wie lange es ohne neuen Auftragseingang auskommen kann. Je länger dieser Zeitraum naturgemäß ist, desto besser. Allerdings sollte ein Unternehmen seine Kunden auch nicht zu lange warten lassen, denn sonst besteht die Gefahr, dass bereits gewonnene Aufträge wieder storniert werden und wichtige Kunden zur Konkurrenz abwandern.

Ein aktuelles Beispiel dafür ist die Automobilindustrie. Während der Corona-Pandemie wurden die Werke der Hersteller teilweise wochenlang geschlossen und die Produktion weitgehend eingestellt. Die Bestellungen von Dienstwagen durch Unternehmen bescherten den Automobilherstellern jedoch stabile und regelmäßige Auftragseingänge. Dies führte in der jüngeren Vergangenheit dazu, dass auf Neufahrzeuge teilweise mehr als ein Jahr gewartet werden musste. Die Auftragsbücher der Hersteller hatten sich weiter gefüllt und konnten durch den Stillstand und die folgende Logistikkrise nach Corona nur sehr langsam abgearbeitet werden.

4.5 Funktionskosten

Als »Funktionskosten« werden die im Umsatzkostenverfahren ausgewiesenen Kosten bezeichnet. Sie stellen die betrieblichen Funktionen dar, die die Aufgaben im Unternehmen erfüllen. Sie beantworten damit die Frage, wo im Unternehmen die Kosten angefallen sind. An welcher (organisatorischen) Stelle im Unternehmen sind die Kosten entstanden?

Üblicherweise werden die Funktionskosten in folgende Bereiche unterteilt:

- Umsatzkosten
- Forschungs- und Entwicklungskosten (optional)
- Marketing- und Vertriebskosten
- allgemeine Verwaltungskosten

4.5.1 Umsatzkosten

Die Umsatzkosten eines Unternehmens sind die Aufwendungen, die bei der Leistungserstellung des Unternehmens anfallen. Bei einem produzierenden Unternehmen sind dies im Wesentlichen die Herstellungskosten für die selbst hergestellten Produkte, die das Unternehmen im abgelaufenen Geschäftsjahr verkauft hat. Darüber hinaus gehören dazu auch die Materialkosten für alle Handelswaren, die verkauft wurden.

Bei einem Dienstleistungsunternehmen umfassen die Umsatzkosten vor allem die Personalkosten für die Mitarbeiter, die die Dienstleistungen erbringen. Bei einem Friseur sind dies die Gehälter der Friseure, bei einem Heizungsinstallateur die Gehälter der Monteure.

Neben den direkten Kosten wie Fertigungsmaterial, Handelswaren oder Personal umfassen die Umsatzkosten auch die damit zusammenhängenden indirekten Kosten. Dies können z.B. die Löhne der Arbeitsvorbereiter oder die Abschreibungen für Maschinen sein. Diese lassen sich zwar nicht einer einzelnen Leistung zuordnen, sind aber wesentlich an der Leistungserstellung eines produzierenden Unternehmens beteiligt.

4.5.2 Forschungs- und Entwicklungskosten

Forschungs- und Entwicklungskosten fallen für Grundlagenforschung und Produktentwicklung an. Sie sind in der Gliederung der Gewinn- und Verlustrechnung nach HGB nicht enthalten, können aber wahlweise ausgewiesen werden. Insbesondere Unternehmen, die in größerem Umfang in diesem Bereich tätig sind, weisen ihre Aufwendungen für Forschung und Entwicklung in der Gewinn- und Verlustrechnung nach dem Umsatzkostenverfahren gesondert aus.

Die Entwicklungsabteilung, die hinter diesen Kosten steht, hat die Aufgabe, zukünftige Produkte für das Unternehmen zu entwickeln und bestehende Produkte zu verbessern.

Die Aktivitäten dieser Abteilung lassen sich in zwei große Bereiche unterteilen:

- Grundlagenforschung
- (zielgerichtete) Entwicklung

Die Grundlagenforschung ist weniger stark zielgerichtet. Hier beschäftigen sich Unternehmen mit neuen Technologien und suchen nach wirtschaftlich sinnvollen Anwendungsmöglichkeiten. Eine konkrete Produktidee ist noch nicht das Ziel der Bemühungen. Stattdessen wird versucht, sich mit Materialien, Technologien, Verfahren zu beschäftigen und für das Unternehmen sinnvolle Anwendungsmöglichkeiten zu finden. Daraus können später konkrete Produkte oder wesentliche Verbesserungen für bestehende Produkte des Unternehmens entstehen.

Bei der Entwicklungsarbeit gehen die Unternehmen dagegen sehr zielgerichtet vor. Auch hier lassen sich die Bemühungen in zwei Bereiche unterteilen:

- Entwicklung neuer Produkte und Angebote
- Optimierung bestehender Produkte

Wichtig bei der Entwicklungsarbeit ist, dass hier das Ziel verfolgt wird, am Ende ein marktfähiges Angebot entwickelt zu haben. Es geht also nicht um die generelle Beschäftigung mit neuen Technologien und Möglichkeiten, sondern um das konkrete Vorhaben, ein Produkt neu zu entwickeln oder ein bestehendes Angebot wesentlich zu verbessern.

4.5.3 Marketing- und Vertriebskosten

Die hergestellten und entwickelten Produkte und Angebote müssen schließlich auch den Weg zum Kunden finden. Dies ist Aufgabe der Bereiche, die sich mit der Vermarktung und dem Vertrieb der Angebote beschäftigen.

Diese absatzorientierten Funktionen eines Unternehmens kümmern sich direkt und indirekt um den Umsatz des Unternehmens.

Das Marketing eines Unternehmens konzentriert sich darauf, das Interesse potenzieller Kunden zu wecken und sie mit dem Unternehmen und seinen

Angeboten vertraut zu machen. Klassischerweise fallen alle Werbemaßnahmen in diesen Aufgabenbereich eines Unternehmens.

Marketing kann aber auch weiter gefasst werden und nicht nur die reine Kommunikation umfassen. Auch die Preisgestaltung, die Produktgestaltung und der Aufbau von Vertriebskanälen können im weiteren Sinne zum Marketing eines Unternehmens gezählt werden.

Der Vertrieb hingegen ist stark auf den Verkauf der Leistungen des Unternehmens ausgerichtet. Vertriebsmitarbeiter stehen in ständigem Kontakt mit potenziellen Kunden und versuchen, Aufträge zu akquirieren. Dazu treffen sie sich regelmäßig mit potenziellen Kunden und besprechen konkrete Projekte. Diese werden intensiv verhandelt und führen im Idealfall zu neuen Aufträgen. In der Regel ist damit die Arbeit des Vertriebsteams erledigt. Da aber die Kundenbeziehung im Vordergrund steht, sind viele Vertriebsmitarbeiter auch erste Ansprechpartner für den Kunden, wenn es während der Leistungserbringung und im Nachgang zu Problemen kommen sollte.

4.5.4 Allgemeine Verwaltungskosten

Allgemeine Verwaltungskosten fallen für alle indirekten Funktionen eines Unternehmens an. Dazu gehören insbesondere

- die Personalabteilung,
- die IT-Abteilung,
- das Rechnungswesen und
- die Verwaltung.

Die *Personalabteilung* ist eine allgemeine Verwaltungsfunktion, die die Mitarbeiterinnen und Mitarbeiter des Unternehmens betreut und die Personalbeschaffung unterstützt. Insbesondere in personalintensiven Unternehmen spielt die Personalabteilung eine wichtige Rolle.

Die *IT-Abteilung* eines Unternehmens kümmert sich um die gesamte Hard- und Software, die eingesetzt wird. Dazu gehören auch die Endgeräte der einzelnen Mitarbeiterinnen und Mitarbeiter sowie deren Wartung und Pflege. Darüber hinaus betreiben viele Unternehmen eigene Server und darauf installierte ERP-Systeme, die sämtliche Prozesse im Unternehmen digital abbilden. Je mehr die Möglichkeiten der Digitalisierung in alle Prozesse eines Unternehmens Einzug halten, desto wichtiger wird für die meisten Unternehmen eine stabile, sichere und funktionierende IT-Landschaft.

ERP-Software

ERP steht für »Enterprise Resource Planning« und bezeichnet ganzheitliche Softwaresysteme, mit denen Unternehmen ihre Prozesse, Ressourcen, Materialien, Betriebsmittel, Kapital, Personal und Informationen planen, steuern und verwalten können. ERP-Systeme helfen somit, die vorhandenen Ressourcen eines Unternehmens möglichst effektiv und effizient einzusetzen. Eines der weltweit bekanntesten ERP-Systeme ist SAP.

Das *Rechnungswesen* gliedert sich in der Regel in Buchhaltung und Controlling. Die Aufgabe der Buchhaltung ist die Verbuchung aller Geschäftsvorfälle sowie die Erstellung der Monatsabschlüsse und des Jahresabschlusses. Darüber hinaus kümmert sich die Buchhaltung in der Regel um alle steuerlichen Belange des Unternehmens.

Das *Controlling* hingegen ist eine Unterstützungsfunktion für die Unternehmensführung. Hier wird mit den verschiedenen Zahlen des Unternehmens gearbeitet. Das Ziel ist es, die Führungsfunktionen bei ihren Entscheidungen zu unterstützen. Typischerweise gliedern sich die Aufgaben des Controllings in Planungs-, Kontroll- und Steuerungsaufgaben.

4.6 Kostenarten

Die Aufwendungen in der Gewinn- und Verlustrechnung nach dem Gesamtkostenverfahren werden nach Kostenarten gegliedert. Dabei wird nicht wie beim Umsatzkostenverfahren nach betrieblichen Funktionen, sondern nach der Art der Kosten selbst unterschieden. Die Kostenarten beantworten somit die Frage, wofür die Aufwendungen im Unternehmen angefallen sind.

Die drei wichtigsten Kostenarten, die in Unternehmen üblicherweise anfallen, sind

- Materialkosten,
- Personalkosten und
- Abschreibungen.

Auf die Abschreibungen wird aufgrund ihrer Bedeutung und Besonderheit in *Abschnitt 4.7* gesondert eingegangen.

4.6.1 Materialkosten

Die Materialkosten eines Unternehmens fallen für alle Materialien an, die im Unternehmen eingekauft werden, um sie entweder in der Produktion zu verarbeiten, im Unternehmen selbst zu verbrauchen oder als Handelsware direkt an Kunden weiterzuverkaufen. Typischerweise werden Produktionsmaterialien unterteilt in

- Rohstoffe,
- Hilfsstoffe
- und Betriebsstoffe.

Rohstoffe sind die Hauptbestandteile der Produkte, die ein Unternehmen herstellt. Sie bilden den eigentlichen Kern der Produkte. Wenn wir uns die Arbeit eines Schreiners vorstellen, dann ist Holz ein wichtiger Rohstoff, der verwendet wird. Ein Tisch, der von einem Schreiner hergestellt wird, besteht zum größten Teil aus dem Rohstoff Holz.

Hilfsstoffe gehen ebenfalls in das hergestellte Produkt ein, haben aber im Gegensatz zu den Rohstoffen eine eher untergeordnete Bedeutung. Sie sind nur ein unwesentlicher Bestandteil des Produktes. Am Beispiel eines Tisches, der von einem Tischler hergestellt wird, könnten Hilfsstoffe z.B. Schrauben, Nägel, Beschläge und Leim sein.

Betriebsstoffe werden ebenfalls im Produktionsprozess eingesetzt und verbraucht. Im Gegensatz zu den Roh- und Hilfsstoffen gehen sie jedoch nicht in das Produkt ein, sondern werden lediglich im Produktionsprozess verbraucht. In einer Tischlerei wird eine Vielzahl verschiedener Betriebsstoffe verbraucht. Ein Beispiel ist das Maschinenöl, mit dem die Säge in einer Schreinerei geschmiert wird. Dieses Öl wird im Produktionsprozess verbraucht, ist aber nicht Bestandteil der in der Schreinerei hergestellten Tische.

Eine ausführliche Beschreibung der verschiedenen Materialkategorien findet sich auch in *Kapitel 3*.

Beim Gesamtkostenverfahren werden alle im Laufe eines Jahres verarbeiteten Materialien mit ihren Kosten in den Materialkosten ausgewiesen.

4.6.2 Personalkosten

Der Personalaufwand umfasst alle Löhne, Gehälter und Personalnebenkosten der Mitarbeiter des Unternehmens. Dabei ist es unerheblich, wo die Mitarbeiter im Unternehmen tätig sind. Die Kosten für alle Mitarbeiter in der Produktion, in der Verwaltung oder im Vertrieb werden in den Personalkosten des Unternehmens abgebildet.

Die Personalkosten lassen sich grundsätzlich in direkte und indirekte Personalkosten unterteilen. Zu den direkten Personalkosten zählen vor allem die vertraglich gezahlten Bruttolöhne und -gehälter.

Zu den indirekten Personalkosten zählen insbesondere die Personalnebenkosten. Diese setzen sich wiederum aus den Beiträgen zur Renten-, Arbeitslosen-, Kranken-, Pflege- und Unfallversicherung der Berufsgenossenschaften zusammen.

Zu den Personalnebenkosten zählen auch freiwillige Leistungen des Arbeitgebers, wie z.B. ein Weihnachts- und Urlaubsgeld, aber auch Zuschüsse des Arbeitgebers zu Bus- und Bahntickets, Verpflegung oder Gesundheitsvorsorge.

Im weiteren Sinne können auch andere Kosten zu den Personalkosten gezählt werden. Dazu gehören beispielsweise Kosten für Aus- und Weiterbildung, Kosten für die Ausstattung der Mitarbeiter mit Arbeitsmitteln und Arbeitskleidung. Aber auch die Kosten für die Rekrutierung neuer Mitarbeiter oder Abfindungen im Rahmen von Aufhebungsverträgen können zu den Personalkosten gezählt werden.

Im weitesten Sinne können auch personalbezogene Kosten zu den Personalkosten gezählt werden. Dazu gehören beispielsweise die Kosten für die Personalabteilung, für eine Kantine, für den Betriebsarzt oder für eine interne Weiterbildungsakademie.

4.6.3 Weitere Kostenarten

In einem Unternehmen fallen im Laufe eines Geschäftsjahres eine Vielzahl unterschiedlicher Kosten an. Dazu gehören natürlich nicht nur Material- und Personalkosten. Auch weitere Kostenarten unterschiedlicher Art fallen in Unternehmen an. Dazu gehören beispielsweise

- Energiekosten für Heizung und Strom,
- eingekaufte Dienstleistungen,
- Wartungs- und Instandhaltungskosten,
- Mieten oder
- Reisekosten.

Diese vielfältigen Kostenarten werden im Gesamtkostenverfahren unter der Position »sonstige betriebliche Aufwendungen« zusammengefasst.

Beim Gesamtkostenverfahren und den darin dargestellten Kostenarten ist es wichtig zu verstehen, dass hier alle in einem Jahr angefallenen Aufwendungen dargestellt werden. Dazu gehören im Gegensatz zum Umsatzkostenverfahren auch die Kosten für solche Produkte, die im Geschäftsjahr zwar produziert, aber noch nicht an Kunden ausgeliefert wurden. Diese produzierten, aber noch nicht verkauften Produkte werden im Lager des Unternehmens eingelagert und erhöhen somit den Bestand.

4.7 Abschreibungen verstehen

Die Abschreibungen eines Unternehmens sind eine weitere Kostenart, die im Gesamtkostenverfahren neben dem Material- und Personalaufwand gesondert ausgewiesen wird.

Abschreibungen im Umsatzkostenverfahren

Abschreibungen sind ein expliziter Posten in der Gewinn- und Verlustrechnung nach dem Gesamtkostenverfahren. Aber auch in der Gewinn- und Verlustrechnung nach dem Umsatzkostenverfahren gibt es Abschreibungen. Sie werden jedoch auf die verschiedenen Funktionen verteilt, die sie verursachen. So sind beispielsweise in den Umsatzkosten die Abschreibungen auf Produktionsmaschinen enthalten. In den Forschungs- und Entwicklungskosten finden sich zum Beispiel die Abschreibungen für Laboreinrichtungen. Und auch in den Verwaltungskosten finden sich Abschreibungen, zum Beispiel für die Büroausstattung der Geschäftsführung.

Sie beziehen sich auf das Anlagevermögen eines Unternehmens und stellen dessen Werteverzehr im Zeitablauf dar, denn die einzelnen Vermögensgegenstände des Anlagevermögens werden in der Regel über einen sehr langen Zeitraum im Unternehmen genutzt. Eine Maschine in der Produktion eines Unternehmens wird häufig über mehrere Jahre hinweg für die Herstellung von Produkten genutzt. Erst wenn die Maschine das Ende ihrer wirtschaftlichen Lebensdauer erreicht hat oder es sich lohnt, sie durch eine neue, leistungsfähigere Maschine zu ersetzen, scheidet sie aus dem Anlagevermögen des Unternehmens aus.

Eine Möglichkeit, die Kosten dieser Maschine zu berücksichtigen, bestünde darin, die gesamten Anschaffungskosten zum Zeitpunkt der Anschaffung in voller Höhe in der Gewinn- und Verlustrechnung auszuweisen. Das Unternehmen hätte dann in diesem Jahr einen sehr hohen Aufwand und würde wahrscheinlich einen Verlust ausweisen.

Ein solches Vorgehen widerspricht jedoch den Rechnungslegungsvorschriften. Deren Kerngedanke ist, dass Aufwendungen periodengerecht abgegrenzt werden müssen. Die Kosten einer Maschine sollen also nicht im Jahr der Anschaffung in voller Höhe ausgewiesen werden, sondern möglichst verursachungsgerecht über die Zeit verteilt werden, in der die Maschine im Unternehmen genutzt wird. Dies ist die Aufgabe der Abschreibung.

Abschreibungen führen zu einer Minderung der Wertansätze, mit denen das Anlagevermögen in der Bilanz ausgewiesen wird. Die ursprünglichen Anschaffungs- und Herstellungskosten der jeweiligen Vermögensgegenstände werden um die Summe der bisher aufgelaufenen Abschreibungen vermindert. Der verbleibende Wert, mit dem die Vermögensgegenstände auf der Aktivseite der Bilanz ausgewiesen werden, wird als »Buchwert der Vermögensgegenstände« bezeichnet. Dies ist der Wert, mit dem das Vermögen noch »in den Büchern« steht.

4.7.1 Abschreibungsmethoden

Es gibt verschiedene Methoden, um die Höhe der jährlichen Abschreibungen zu berechnen. Nicht alle sind nach allen Rechnungslegungsvorschriften zulässig. Die wichtigsten Abschreibungsmethoden sind

- die lineare Abschreibung,
- die degressive Abschreibung,
- die progressive Abschreibung und
- die verbrauchsabhängige Abschreibung.

In der Praxis ist die *lineare Abschreibung* mit Abstand am gebräuchlichsten. Dabei werden die Anschaffungskosten eines Wirtschaftsgutes um einen eventuellen Resterlös am Ende der Nutzungsdauer vermindert und der verbleibende Betrag linear auf die Nutzungsdauer verteilt:

$$\text{Abschreibung} = \frac{\text{Anschaffungskoten - Resterlös}}{\text{Nutzungsdauer}}$$

Eine Maschine im Wert von 120.000 Euro, die am Ende ihrer Nutzungsdauer noch einen Resterlös von 20.000 Euro erzielt und 10 Jahre genutzt wird, hat demnach eine jährliche Abschreibung von 10.000 Euro.

$$\text{Abschreibung} = \frac{120.000 - 20.000}{10} = 10.000$$

Bei der *degressiven Abschreibung* wird ein fester Prozentsatz des Buchwertes des Wirtschaftsgutes als Abschreibungsbetrag angesetzt. Dies führt zu kontinuierlich sinkenden Abschreibungsbeträgen. Diese Abschreibungsmethode ist nach HGB nicht zulässig.

Die *progressive Abschreibung* geht von im Zeitablauf steigenden Abschreibungsbeträgen aus. Auch diese Methode ist nach HGB nicht zulässig.

Die *nutzungsabhängige Methode* eignet sich vor allem für solche Vermögensgegenstände, bei denen eine maximale Nutzung bestimmbar ist und die jährliche Nutzung erfasst wird. Beispielsweise könnte diese Methode für Lieferfahrzeuge angewendet werden. So kann ein LKW, für den eine maximale Laufleistung von 600.000 km erwartet wird, nutzungsabhängig nach der Jahreslaufleistung abgeschrieben werden.

4.7.2 Nutzungsdauer

Bei der Ermittlung der Abschreibungen ist vor allem die Frage der Nutzungsdauer entscheidend. Wird von einer kürzeren Nutzungsdauer ausgegangen, ergeben sich höhere Abschreibungsbeträge. Geht man hingegen von einer längeren Abschreibungsdauer aus, sinkt der jährliche Abschreibungsbetrag.

Durch die Wahl der Nutzungsdauer hat ein Unternehmen also einen gewissen Gestaltungsspielraum für die Höhe seiner Aufwendungen/Abschreibungen. Für steuerliche Zwecke hat der Gesetzgeber diese Möglichkeiten jedoch eingeschränkt. Für den steuerlichen Abschluss eines Unternehmens sind feste Vorgaben für die Nutzungsdauer einzuhalten.

Das Bundesfinanzministerium hat daher umfangreiche Listen verschiedenster Anlagegüter erstellt, in denen feste Nutzungsdauern für die steuerliche Abschreibungsberechnung vorgegeben sind. Diese Nutzungsdauern sind von den Unternehmen bei der Berechnung der Abschreibungen zwingend anzuwenden. Die Tabellen werden auch als »AfA-Tabellen« bezeichnet, wobei AfA für »Absetzung für Abnutzung« steht.

Im handelsrechtlichen Jahresabschluss können Unternehmen jedoch von den steuerlichen Vorgaben der AfA-Tabellen abweichen. Sie können stattdessen andere Nutzungsdauern verwenden, die unternehmenstypisch sind oder aus wirtschaftlichen Gründen von den steuerlichen Vorgaben abweichen.

Allerdings sind die Unternehmen dadurch gezwungen, für ein Wirtschaftsgut zwei unterschiedliche Abschreibungsberechnungen parallel zu führen. Sowohl die steuerliche Abschreibung als auch die abweichende handelsrechtliche Abschreibung müssen gleichzeitig gepflegt werden. Da dies einen unnötigen Mehraufwand bedeutet, verwenden viele Unternehmen die Nutzungsdauern aus den steuerlichen AfA-Tabellen auch im handelsrechtlichen Abschluss.

4.8 Finanzergebnis

Bisher haben wir uns vor allem mit den Bestandteilen des rein operativen Ergebnisses eines Unternehmens beschäftigt. Alle bisher diskutierten Elemente entstehen in der Regel aus der originären Unternehmenstätigkeit. Sie stehen in direktem Zusammenhang mit der Umsatztätigkeit, der Leistungserstellung und der Unternehmensführung.

Es können aber auch Ergebnisse aus anderen Bereichen entstehen, die sich auf den Gewinn oder Verlust des Unternehmens auswirken. Hier sind vor allem finanzielle Effekte zu nennen. Diese finanziellen Effekte werden im Finanzergebnis eines Unternehmens abgebildet.

Das Finanzergebnis hat nichts mit der operativen Tätigkeit des Unternehmens zu tun, sondern entsteht aus finanziellen Effekten und der Finanzierungstätigkeit des Unternehmens. Das Finanzergebnis ist die Differenz aus Finanzerträgen und Finanzaufwendungen.

4.8.1 Finanzerträge

Finanzerträge ergeben sich im Wesentlichen aus zwei Bereichen:

- Beteiligungserträge
- Zinserträge

Ein Unternehmen kann rein finanzielle Beteiligungen an anderen Unternehmen halten. Solche Beteiligungen können an privaten, aber auch an öffentlichen Unternehmen bestehen. Entscheidend ist, dass es sich im Wesentlichen um eine Finanzinvestition handelt.

Aus diesen Beteiligungen können dem Unternehmen Erträge zufließen. Dies ist insbesondere dann der Fall, wenn das Unternehmen, an dem eine Beteiligung besteht, Gewinne ausschüttet. Der auf das Beteiligungsunternehmen entfallende Anteil an der Ausschüttung stellt einen Beteiligungsertrag dar.

Darüber hinaus können Unternehmen aber auch überschüssige Liquidität investieren. Wenn Geld im Unternehmen vorhanden ist, aber weder für langfristige Investitionen noch für das operative Geschäft benötigt wird, kann dieses Geld kurzfristig bei Banken oder am Kapitalmarkt angelegt werden. Auch hieraus können sich positive Erträge ergeben, die in der Regel als Zinserträge im Finanzergebnis ausgewiesen werden.

4.8.2 Finanzaufwendungen

Neben den Zinserträgen können einem Unternehmen auch Finanzaufwendungen entstehen. Hierzu zählen insbesondere die Zinsen, die ein Unternehmen für die Aufnahme von Fremdkapital zu zahlen hat.

Finanziert sich ein Unternehmen über Bankkredite oder Anleihen am Kapitalmarkt, muss es nicht nur diese Fremdmittel im Zeitablauf zurückzahlen/tilgen. Es muss für die Aufnahme des Kapitals auch Zinsen zahlen. Diese Zinsen stellen für das Unternehmen einen Finanzierungsaufwand dar, der in der Gewinn- und Verlustrechnung im Finanzergebnis ausgewiesen wird.

Für die überwiegende Mehrheit der Unternehmen ist das Finanzergebnis negativ. Das liegt einfach daran, dass hier vor allem die aufgenommene Fremdfinanzierung zu Zinsaufwendungen führt. Eventuell vorhandene positive Finanzerträge sind für die meisten Unternehmen von untergeordneter Bedeutung und liegen betragsmäßig in der Regel deutlich unter den zu zahlenden Fremdkapitalzinsen.

4.9 Steuern

Wie jede natürliche Person müssen auch Unternehmen Steuern auf ihr Einkommen zahlen. Dieser Posten wird als »Ertragsteuer« bezeichnet und erscheint in der Gewinn- und Verlustrechnung eines Unternehmens als letzter Aufwandsposten.

Die zu zahlenden Steuern lassen sich in zwei Kategorien einteilen:

- Körperschaftsteuer
- Gewerbesteuer

4.9.1 Körperschaftsteuer

Unternehmen in der Rechtsform einer Kapitalgesellschaft sind eigenständige juristische Personen. Die Einkünfte, die diese Körperschaften erzielen, müssen, wie die Einkünfte natürlicher Personen, versteuert werden. Natürliche Personen unterliegen mit ihrem gesamten Einkommen der Einkommensteuer. Juristische Personen, wie z.B. Unternehmen in der Rechtsform einer Kapitalgesellschaft, unterliegen dagegen nicht der Einkommensteuer.

Stattdessen müssen Unternehmen auf ihre Einkünfte Körperschaftsteuer zahlen.

4.9.2 Gewerbesteuer

Neben der Körperschaftsteuer gibt es die Gewerbesteuer, die für den Betrieb eines Gewerbes zu zahlen ist.

Im Gegensatz zur Körperschaftsteuer ist die Gewerbesteuer eine örtlich zu entrichtende Steuer. Überall dort, wo ein Unternehmen Betriebsstätten unterhält, muss es Gewerbesteuer an die örtliche Gemeinde entrichten. Die Gemeinden können die Höhe der zu zahlenden Gewerbesteuer sogar durch selbst festgelegte Hebesätze beeinflussen.

4.9.3 Weitere Steuern

Körperschaftsteuer und Gewerbesteuer sind natürlich nicht die einzigen Steuern, die Unternehmen zahlen müssen. Im Rahmen der sonstigen betrieblichen Aufwendungen werden die übrigen Steuern jedoch bereits berücksichtigt. Dies ist beispielsweise bei der Versicherungssteuer der Fall, die auf die in Anspruch genommenen Leistungen einer Versicherung aufgeschlagen wird.

Eine weitere sehr zentrale Steuer ist die Umsatzsteuer, umgangssprachlich auch Mehrwertsteuer genannt. Sie wird auf alle steuerbaren Leistungen erhoben. Derzeit gilt in Deutschland ein Steuersatz von 19% und für bestimmte Leistungen ein ermäßigter Steuersatz von 7%.

Die Umsatzsteuer stellt jedoch keine Belastung für die Unternehmen dar, vielmehr ist sie lediglich ein »durchlaufender Posten«. Unternehmen müssen die Umsatzsteuer auf ihre eigenen Leistungen aufschlagen und von ihren Kunden einfordern. Auf eingekaufte Leistungen muss das Unternehmen ebenfalls Umsatzsteuer an seine Lieferanten zahlen. Die gezahlte Umsatzsteuer wird aus Sicht des Unternehmens auch als »Vorsteuer« bezeichnet. Einmal im Monat müssen Unternehmen eine Umsatzsteuervoranmeldung beim Finanzamt einreichen. Darin geben sie für den Vormonat die in Rechnung gestellte Umsatzsteuer und die selbst bezahlte Vorsteuer an. Die Differenz zwischen den beiden Beträgen wird dann an das Finanzamt abgeführt.

In den Zahlen des Jahresabschlusses schlägt sich die Umsatzsteuer jedoch nicht nieder, denn alle Umsätze und auch Aufwendungen werden »netto«, also ohne den jeweiligen Umsatzsteueranteil, ausgewiesen.

4.10 Ergebniskennzahlen

Nach Abzug aller Aufwendungen vom Umsatz eines Unternehmens verbleibt am Ende der Gewinn- und Verlustrechnung entweder ein Gewinn oder ein Verlust. Der Gewinn oder Verlust zeigt an, ob ein Unternehmen mit seiner gesamten Geschäftstätigkeit erfolgreich war oder nicht.

Für das Unternehmen selbst und alle Stakeholder ist es jedoch von zusätzlichem Interesse, wie sich der Gewinn oder Verlust zusammensetzt. Deshalb können aus der Gewinn- und Verlustrechnung, die sich nach Abzug nur eines Teils der Aufwendungen ergibt, verschiedene Zwischensummen gebildet werden. Dadurch lässt sich das Zustandekommen des Endergebnisses besser nachvollziehen und es können detailliertere Vergleiche des Unternehmens mit sich selbst und mit Konkurrenzunternehmen der gleichen Branche angestellt werden.

Die wichtigsten Ergebniskennzahlen sind

- Bruttoergebnis,
- Operatives Ergebnis/EBIT,
- EBITDA,
- EBT und
- Jahresüberschuss/Jahresfehlbetrag.

4.10.1 Bruttoergebnis

Das Bruttoergebnis ist das erste Zwischenergebnis, das in der Gewinn- und Verlustrechnung nach dem Umsatzkostenverfahren ermittelt werden kann. Es setzt sich wie folgt zusammen:

Bruttoergebnis = Umsatz - Umsatzkosten

Das Bruttoergebnis stellt somit das Ergebnis des Unternehmens nach der direkten Leistungserstellung dar. Vom Umsatz werden lediglich die Kosten abgezogen, die aufgewendet werden müssen, damit ein Unternehmen seine Produkte herstellen oder seine Dienstleistungen erbringen kann.

Das Bruttoergebnis kann auch als Rentabilität der Leistungserstellung angesehen werden. Es ist das Ergebnis, das übrigbleibt, nachdem das Unternehmen seine Leistung erbracht hat.

Eine andere Sichtweise auf das Bruttoergebnis ist, dass ein Unternehmen davon alle nachlaufenden Kosten tragen muss. Alle indirekten Funktionen und der Vertrieb müssen vom Bruttoergebnis getragen werden können.

Aus diesem Grund streben viele Unternehmen eine möglichst hohe Bruttomarge an. Je profitabler ein Unternehmen seine Leistungen für die Kunden erbringen kann, desto leichter ist es, auch die nachlaufenden Strukturkosten profitabel zu tragen.

Rohertrag im Gesamtkostenverfahren

Das Bruttoergebnis kann nur berechnet werden, wenn die Gewinn- und Verlustrechnung nach dem Umsatzkostenverfahren aufgestellt wird. Im Gesamtkostenverfahren ist die Berechnung des Bruttoergebnisses nicht möglich. Dort kann der Rohertrag alternativ berechnet werden. Dazu wird von der Gesamtleistung des Unternehmens der Materialaufwand abgezogen:

Rohertrag (GKV) = Gesamtleistung - Materialaufwand

Zu beachten ist jedoch, dass Rohertrag und Bruttoergebnis nicht miteinander vergleichbar sind und sich daher nicht für einen unternehmensübergreifenden Vergleich eignen.

4.10.2 Operatives Ergebnis/EBIT

Das operative Ergebnis eines Unternehmens gibt Auskunft über die Rentabilität des operativen Geschäfts eines Unternehmens. Es berücksichtigt alle rein operativen Kosten, die in der Periode angefallen sind. Es ist damit eine der wichtigsten Rentabilitätskennzahlen eines Unternehmens.

Das operative Ergebnis wird häufig auch mit der Abkürzung »EBIT« bezeichnet, die sich aus der englischen Phrase »Earnings before Interest and Taxes« ableitet. Dies kann frei mit »Ergebnis vor Zinsen und Steuern« übersetzt werden.

Das EBIT kann »vorwärts« und »rückwärts« berechnet werden. »Vorwärts« erhält man es, wenn man vom Bruttoergebnis noch die betrieblichen Aufwendungen abzieht, also die Forschungs- und Entwicklungskosten, die Marketing- und Vertriebskosten, die allgemeinen Verwaltungskosten und die sonstigen betrieblichen Erträge und Aufwendungen.

Umgekehrt erhält man das EBIT, indem man zum Gewinn/Verlust einer Periode wieder die Ertragsteuern und das Finanzergebnis addiert.

Es versteht sich von selbst, dass ein gesundes Unternehmen eine positive operative Profitabilität ausweisen sollte. Denn von dieser Größe müssen immer noch die Finanzierungskosten des Unternehmens getragen und die Ertragssteuern bezahlt werden.

Das EBIT ist eine sehr zentrale finanzwirtschaftliche Größe für Unternehmen und wird daher häufig zum Vergleich der operativen Ertragskraft konkurrierender Unternehmen herangezogen.

4.10.3 EBITDA

Die nächste viel beachtete Erfolgskennzahl ist das EBITDA. Es ist wiederum eine Abkürzung der englischen Phrase »Earnings before Interest, Taxes, Depreciation and Amortization«, also »Ergebnis vor Zinsen, Steuern und Abschreibungen«.

EBIT und EBITDA sind sich sehr ähnlich. Der einzige Unterschied besteht darin, dass das EBITDA die Rentabilität vor Abzug der Abschreibungen angibt. Es wird in der Regel berechnet, indem die Abschreibungen zum EBIT addiert werden.

EBITDA = EBIT + Abschreibungen

Da es sich bei den Abschreibungen nicht um zahlungswirksame Aufwendungen handelt, wird das EBITDA häufig als Näherungswert für den Liquiditätszufluss in das Unternehmen verwendet. Auf diesen Umstand gehen wir im *Kapitel 5* zur Kapitalflussrechnung näher ein.

4.10.4 EBT

Das EBT ist eine weitere Kennzahl, die bei Unternehmen betrachtet wird. Die Abkürzung steht für die englische Phrase »Earnings before Taxes«, also »Ergebnis vor Steuern«. Es stellt die Ertragskraft des Unternehmens nach Abzug aller betrieblichen Aufwendungen sowie des Finanzergebnisses dar. Lediglich die Ertragssteuern werden von dieser Ergebnisgröße noch nicht abgezogen.

Daher kann das EBT auch zur Beurteilung der Rentabilität des Unternehmens nach betrieblichen Aufwendungen und Finanzierungskosten herangezogen werden. Es handelt sich dabei um das zu versteuernde Ergebnis des Unternehmens. Im deutschsprachigen Raum wird diese Ergebnisgröße häufig auch als »Ergebnis der gewöhnlichen Geschäftstätigkeit« bezeichnet. Damit wird zum Ausdruck gebracht, dass es für ein Unternehmen zur normalen Geschäftspraxis gehört, nicht nur die betrieblichen Aufwendungen, sondern auch die Finanzierungskosten der dafür notwendigen Finanzierung zu tragen.

4.10.5 Jahresüberschuss/Jahresfehlbetrag

Der Jahresüberschuss bzw. Jahresfehlbetrag ist die letzte Ergebnisgröße der Gewinn- und Verlustrechnung. Er zeigt die Ertragskraft des Unternehmens, die nach Abzug der Ertragsteuern verbleibt. Er zeigt also den Gewinn oder Verlust des Unternehmens in der betrachteten Periode.

Der Jahresüberschuss steht dem Unternehmen zur Verfügung, um ihn entweder im Unternehmen zu belassen oder an die Unternehmenseigner auszuschütten. Der Jahresüberschuss stellt somit das Potenzial zur Verbesserung der Eigenkapitalbasis des Unternehmens dar. Gewinne, die nicht an die Eigentümer ausgeschüttet werden, sondern im Unternehmen verbleiben, erhöhen das Eigenkapital. Eine solide Eigenkapitalbasis ermöglicht es den Unternehmen auch, Phasen mit schlechteren Ergebnissen zu überstehen. Solche Phasen sind schon aufgrund der zyklischen Natur der Gesamtwirtschaft auch für solide geführte Unternehmen unvermeidlich.

Langfristig sollten Unternehmen Gewinne erwirtschaften, um in ihr Wachstum und Anlagevermögen investieren zu können.

4.11 Ausschüttungs- und Dividendenpolitik

Wie bereits beschrieben, haben Unternehmen zwei Möglichkeiten, mit den erwirtschafteten Gewinnen umzugehen:

- Ausschüttung an die Eigentümer
- Einbehaltung im Unternehmen (Thesaurierung)

Die grundsätzliche Einstellung eines Unternehmens zu diesen beiden Möglichkeiten wird als »Ausschüttungs- bzw. Dividendenpolitik« bezeichnet. Zwischen den beiden Extremen, alles auszuschütten oder alles zu thesaurieren, sind natürlich auch Mischformen möglich.

Die grundsätzliche Haltung eines Unternehmens im Rahmen seiner Ausschüttungs- und Dividendenpolitik hängt wesentlich davon ab, welche Verwendungszwecke es selbst für einbehaltene Gewinne hat. Gibt es gute Gründe, die Gewinne im Unternehmen zu verwenden, sollten sie weitgehend oder vollständig thesauriert werden. Gibt es dagegen keine sinnvollen Verwendungsmöglichkeiten, ist es besser, die nicht benötigten Gewinne an die Eigentümer des Unternehmens auszuschütten.

4.11.1 Gründe für die Gewinnthesaurierung

Für die Thesaurierung von Gewinnen sprechen zahlreiche Gründe:

- Finanzierung von Investitionen
- Erhöhung der finanziellen Stabilität
- Verbesserung der Bonität

Gerade junge Unternehmen verfolgen häufig einen ambitionierten Wachstumskurs. Wachstum erfordert kontinuierliche Investitionen in das Wachstum selbst, aber auch in den Ausbau von Kapazitäten und Verwaltungsstrukturen. Aufgrund der positiven Aussichten, unter denen strategische Wachstumsinitiativen verfolgt werden, schaffen sie Wert. Daher werden solche Investitionen häufig als sinnvoll erachtet.

Unternehmen, die in einem solchen Szenario dennoch Gewinne erwirtschaften, sollten diese nach Möglichkeit im Unternehmen belassen, um den Bedarf an Fremdfinanzierung von Investitionsvorhaben zu verringern.

Darüber hinaus tragen einbehaltene Gewinne zur finanziellen Stabilität des Unternehmens bei. Einbehaltene Gewinne stärken das Eigenkapital und machen das Unternehmen weniger anfällig für wirtschaftlich schlechte Zeiten. Je solider die Eigenkapitalausstattung, desto leichter lassen sich Verlustphasen verkraften. Unternehmen, die nicht auf eine gute Eigenkapitalbasis zurückgreifen können, geraten leichter in eine Überschuldungssituation. Diese führt unmittelbar zur Insolvenz. Deshalb sollten Unternehmen auch dann Gewinne einbehalten, wenn sie finanziell noch nicht so gut aufgestellt sind.

Eine solide Eigenkapitalausstattung ist zudem ein wichtiger Indikator für Fremdkapitalgeber. Je stabiler und solider ein Unternehmen mit Eigenkapital finanziert ist, desto eher wird es auch als kreditwürdig angesehen. Banken setzen daher in der Regel eine sehr solide Eigenkapitalbasis voraus, um überhaupt bereit zu sein, Kredite an Unternehmen zu vergeben. Will ein Unternehmen die Vorteile von günstigem Fremdkapital nutzen, sollte es sich vorher bemühen, seine Eigenkapitalbasis durch Gewinnthesaurierung zu stärken.

4.11.2 Gründe für die Ausschüttung von Gewinnen

Größere Unternehmen, die sich am Markt etabliert haben, agieren häufig in gesättigten Märkten. In der Regel ist kein großes Marktwachstum zu erwarten und die Marktanteile sind unter den konkurrierenden Unternehmen aufgeteilt.

In einer solchen Situation ist es fraglich, ob ein Unternehmen umfangreiche Investitionen in Wachstumsprojekte tätigen kann. Meist beschränken sich die Investitionen auf Ersatz- und Effizienzinvestitionen. Diese können aber meist mit nur einem Teil des erwirtschafteten Gewinns finanziert werden.

Deshalb sollten solche Unternehmen ihre Gewinne ganz oder teilweise an die Eigentümer ausschütten. Das Unternehmen selbst findet kaum noch wertschaffende Investitionsmöglichkeiten und hat keine wertschaffende Verwendung für die Gewinne.

Dies steht im Gegensatz zu den Möglichkeiten der Eigentümer selbst. Diese können die ausgeschütteten Gewinne wiederum in andere Unternehmen investieren, die über rentablere Investitionsmöglichkeiten verfügen. Aus Sicht der Eigentümer ist dies eine sinnvollere Verwendung ihres Kapitals.

Die zentralen Aussagen des Kapitels

- Die Gewinn- und Verlustrechnung des Unternehmens zeigt die Struktur und die Quellen des Periodenergebnisses.
- Sie kann nach dem Gesamtkostenverfahren oder dem Umsatzkostenverfahren gegliedert sein, wobei beide Verfahren zum gleichen Ergebnis führen.
- Das Umsatzkostenverfahren zeigt die Aufwendungen des Unternehmens gegliedert nach betrieblichen Funktionen und stellt die Umsatztätigkeit in den Vordergrund.
- Das Gesamtkostenverfahren hingegen weist die Kosten nach Kostenarten aus und stellt alle in einer Periode angefallenen Kosten der Gesamtleistung einschließlich der Bestandsveränderungen gegenüber.
- Die Abschreibungen stellen den Werteverzehr des Anlagevermögens dar und sind für das Unternehmen nicht zahlungswirksam.
- Entlang der Gewinn- und Verlustrechnung lassen sich zahlreiche Ergebniskennzahlen als Zwischensummen ermitteln, darunter Bruttoergebnis, Operatives Ergebnis/EBIT, EBITDA, EBT und Jahresüberschuss/Jahresfehlbetrag.
- In der Ausschüttungs- und Dividendenpolitik legt ein Unternehmen seine grundsätzliche Haltung fest, ob es Gewinne im Unternehmen einbehält (Thesaurierung) oder an die Eigentümer ausschüttet.

Kapitel 5

Die Kapitalflussrechnung verstehen

Die Kapitalflussrechnung ist neben der Bilanz und der Gewinn- und Verlustrechnung der dritte zentrale Bericht zur Beurteilung eines Unternehmens. Im Gegensatz zur Bilanz und Gewinn- und Verlustrechnung ist die Kapitalflussrechnung jedoch nicht für alle Unternehmen verpflichtend aufzustellen und zu veröffentlichen. Eine Pflicht zur Aufstellung einer Kapitalflussrechnung besteht nur im Konzernabschluss und im Einzelabschluss kapitalmarktorientierter Unternehmen. Immer mehr Unternehmen gehen jedoch dazu über, im Rahmen des Lageberichts eine Kapitalflussrechnung aufzustellen. Damit soll eine umfassende Information über die Liquiditätslage des Unternehmens ermöglicht werden.

Die Kapitalflussrechnung gibt einen Einblick in die Veränderung der flüssigen Mittel eines Unternehmens. Sie stellt damit auch eine Detailrechnung zur Bilanz dar, in der die Veränderung der flüssigen Mittel näher erläutert wird. Sie zeigt die Veränderung der flüssigen Mittel, gegliedert nach drei verschiedenen Bereichen. Damit ermöglicht sie die Analyse der Quellen und des Verbrauchs der Liquidität im Unternehmen.

Die Perspektive der Kapitalflussrechnung ist eine wertvolle Ergänzung zu den Betrachtungen der Bilanz und insbesondere der Gewinn- und Verlustrechnung. Denn grundsätzlich zeigen Gewinn- und Verlustrechnung und Kapitalflussrechnung ähnliche Perspektiven, allerdings sind nicht alle Aufwendungen in der Gewinn- und Verlustrechnung zahlungswirksam. Zudem zeigt die Kapitalflussrechnung auch Liquiditätseffekte, die sich im operativen Ergebnis der Gewinn- und Verlustrechnung nicht widerspiegeln.

In diesem Kapitel gehen wir daher näher auf die Kapitalflussrechnung ein. Zunächst wird auf die zentrale Bedeutung der Liquidität im Unternehmen eingegangen. Anschließend erfolgt eine Einführung in die drei Bereiche, in denen es zu einer Veränderung der Liquidität kommen kann. Diese drei Bereiche werden dann im Detail vorgestellt. Abschließend wird auf die wichtige

Aufgabe der kurz- und langfristigen Liquiditätssteuerung im Unternehmen eingegangen.

5.1 Die Bedeutung der Liquidität

Wer kennt nicht das Sprichwort »Nur Bares ist Wahres«? Was für Privatpersonen eine sinnvolle Botschaft ist, gilt auch für Unternehmen. Liquidität, zu der neben Bargeld auch Sichtguthaben bei Banken gehören, spielt für Unternehmen eine elementare Rolle. Unternehmen sollten stets darauf achten, jederzeit über ausreichend Liquidität zu verfügen.

Unternehmen verwenden ihre Liquidität im Wesentlichen, um ihre laufenden Ausgaben zu bezahlen. Darüber hinaus werden regelmäßig kleinere und größere Investitionen getätigt, die ebenfalls aus der vorhandenen Liquidität bedient werden müssen. Je nach Unternehmen kommt noch die Notwendigkeit hinzu, aufgenommenes Fremdkapital, z.B. in Form von Bankkrediten, zurückzuzahlen.

Der Grund für das Bestreben eines Unternehmens, jederzeit zahlungsfähig zu sein, liegt darin, dass es verpflichtet ist, alle seine finanziellen Verpflichtungen in voller Höhe und zum erforderlichen Zeitpunkt erfüllen zu können. Es muss jederzeit zahlungsfähig sein.

Ist ein Unternehmen dazu nicht in der Lage, ist es zahlungsunfähig. Dieser Umstand führt unmittelbar dazu, dass die Geschäftsführung des Unternehmens beim zuständigen Amtsgericht ein Insolvenzverfahren eröffnen muss.

Aus diesem Grund kommt dem Liquiditätsmanagement in Unternehmen eine besondere Bedeutung zu.

Die Sichtweise auf die Liquidität ist zusätzlich zur Erfolgssicht der Gewinn- und Verlustrechnung notwendig, da auch profitable Unternehmen sehr leicht in Zahlungsschwierigkeiten geraten können.

Gerade in Wachstumsphasen müssen Unternehmen einen sehr großen Teil ihres Geschäfts vorfinanzieren. Materialien für die Produktion müssen beschafft und bezahlt werden. Die Mitarbeiterinnen und Mitarbeiter in der Produktion erhalten ihr monatliches Gehalt. Und selbst nach Auslieferung der Ware kann es mehrere Wochen dauern, bis die Kunden die Rechnungen des Unternehmens begleichen. Gelegentlich kommt es auch zu Zahlungsausfällen.

Auch wenn ein Unternehmen grundsätzlich profitabel arbeitet, wird die Liquidität in einer solchen Situation zunächst stärker belastet, wodurch die Liquidität reduziert wird. Verfügt das Unternehmen nicht über ausreichende

Liquiditätsreserven und kann auch kurzfristig keine Finanzierungsquellen erschließen, besteht die Gefahr, trotz guter Ertragslage zahlungsunfähig zu werden.

Nach dem Ende der Corona-Pandemie wurde dies einigen Unternehmen zum Verhängnis. Sie verfügten bereits vor der Krise über keine übermäßigen Liquiditätsreserven, die im Zuge der Pandemie trotz Kurzarbeit und Unterstützungsleistungen weiter geschmolzen sind. Nach dem Ende der Pandemie erholte sich die Wirtschaft allmählich und eröffnete den Unternehmen neue Geschäftsmöglichkeiten. Dieses Wachstum und die übermäßige Materialbevorratung, die sich aus der Belastung der Lieferketten ergab, war für einige Unternehmen zu viel. Sie mussten trotz guter Geschäftsaussichten und Rentabilität Insolvenz anmelden. Die Liquidität reichte nicht mehr aus, um den bestehenden Zahlungsverpflichtungen in vollem Umfang nachzukommen.

Aus diesem Grund ist die Kapitalflussrechnung für die Beurteilung der Gesamtsituation eines Unternehmens elementar. Die alleinige Betrachtung der Ertragslage des Unternehmens greift zu kurz. Um die Lage eines Unternehmens in jeder Hinsicht beurteilen zu können, ist es unerlässlich, auch die Liquidität zu betrachten.

Die Kapitalflussrechnung bereinigt die Erfolgsbetrachtung der Gewinn- und Verlustrechnung um nicht zahlungswirksame Effekte. Darüber hinaus wirken sich weitere Effekte auf die Liquiditätsausstattung des Unternehmens aus. Hierzu zählen weitere operative Effekte, die in der Gewinn- und Verlustrechnung nicht abgebildet werden. Zudem haben auch die Investitionstätigkeit und die Finanzierungstätigkeit des Unternehmens Einfluss auf die Liquiditätsausstattung.

5.2 Drei Bereiche mit Liquiditätswirkung

Wie bereits erwähnt, lässt sich die Gesamtveränderung der Liquidität des Unternehmens in drei Bereiche unterteilen:

- operative Effekte
- Investitionseffekte
- Finanzierungseffekte

In allen drei Bereichen gibt es Geschäftsvorfälle, die sich auf die Liquidität des Unternehmens auswirken. Auf diese drei Bereiche wird in diesem Kapitel näher eingegangen.

Die gesamte Veränderung der liquiden Mittel wird als Gesamt-Cashflow bezeichnet. Er ist die Summe der Liquiditätsveränderungen in den drei Bereichen. Diese werden wiederum als Zwischensummen zusammengefasst:

- Cashflow aus laufender Geschäftstätigkeit
- Cashflow aus Investitionstätigkeit
- Cashflow aus Finanzierungstätigkeit

5.3 Operativer Cashflow

Der operative Cashflow eines Unternehmens ist der erste der drei in der Kapitalflussrechnung dargestellten Bereiche. Er bildet alle Zahlungsströme ab, die im Zusammenhang mit der originären Geschäftstätigkeit des Unternehmens stehen. Die Summe dieser Zahlungsströme wird als »operativer Cashflow« bezeichnet oder auch als »Cashflow aus laufender Geschäftstätigkeit«.

Da die Gewinn- und Verlustrechnung und der operative Cashflow eng miteinander verknüpft sind, wird in der Kapitalflussrechnung häufig auch auf den Jahresüberschuss des Unternehmens in der betrachteten Periode abgestellt. Dieser enthält jedoch eine Reihe von erfolgswirksamen Effekten, die nicht zahlungswirksam sind. Man spricht hier auch von nicht zahlungswirksamen Aufwendungen.

Einer der wichtigsten Effekte ist dabei die Abschreibung des Unternehmens (siehe *Kapitel 4*). Abschreibungen stellen den Werteverzehr des langfristigen Anlagevermögens dar. Sie stellen zwar einen Aufwand in der Gewinn- und Verlustrechnung dar, sind aber für das Unternehmen nicht zahlungswirksam. Dies liegt daran, dass das Anlagevermögen bereits zum Zeitpunkt der Anschaffung vollständig bezahlt wurde und zu diesem Zeitpunkt die volle Zahlungswirkung dieses Vermögensgegenstandes eingetreten ist. In den Folgejahren werden diese Anlagegüter im Unternehmen produktiv eingesetzt. Der damit verbundene Werteverzehr wird durch die Abschreibungen abgebildet. Er ist jedoch nicht mehr zahlungswirksam.

Neben den zahlungswirksamen Anpassungen in der Erfolgsrechnung des Unternehmens enthält der operative Cashflow weitere Liquiditätseffekte, die in den Bereich der Geschäftstätigkeit des Unternehmens fallen.

Hierbei spielt insbesondere das Net Working Capital (siehe *Kapitel 3*) eine wesentliche Rolle. Veränderungen der drei Positionen »Vorräte«, »Forderungen aus Lieferungen und Leistungen« sowie »Verbindlichkeiten aus Lieferungen und Leistungen« sind immer auch liquiditätswirksam. Denn die einzelnen

Positionen binden Kapital bzw. stellen im Falle der Verbindlichkeiten aus Lieferungen und Leistungen Finanzierung zur Verfügung. Das Net Working Capital (NWC) muss daher vom Unternehmen finanziert werden. Wächst das Unternehmen, so wachsen in der Regel auch die Positionen des NWC. Dieses Wachstum muss vorfinanziert werden und bindet Liquidität.

Langfristig sollte ein Unternehmen einen positiven operativen Cashflow erwirtschaften. Denn aus dem operativen Geschäft müssen langfristig alle weiteren Aktivitäten des Unternehmens finanziert werden. Ist ein Unternehmen nicht in der Lage, langfristig einen positiven operativen Cashflow zu erwirtschaften, wird es früher oder später in Zahlungsschwierigkeiten und damit in die Insolvenz geraten. Für den Leser des Jahresabschlusses ist es daher von großem Interesse, ob das betrachtete Unternehmen in der Lage ist, einen positiven operativen Cashflow zu erwirtschaften und diesen auch über einen längeren Zeitraum von mehreren Jahren in Summe im positiven Bereich zu halten.

5.4 Investitions-Cashflow

Der zweite Bereich der Kapitalflussrechnung betrifft die Investitionstätigkeit des Unternehmens. Im Investitions-Cashflow werden alle Zahlungsströme summiert, die im Zusammenhang mit betrieblichen Investitionen stehen. Er wird auch als »Cashflow aus Investitionstätigkeit« bezeichnet.

Der Investitions-Cashflow ist vor allem hilfreich, um zu verstehen, wie viel das Unternehmen in einer Periode in sein Anlagevermögen investiert hat. Diese Investitionen werden häufig auch als »CAPEX« oder »Capital Expenditures« bezeichnet.

Der Investitions-Cashflow zeigt jedoch auch Zahlungsströme, die über die Investitionen selbst hinausgehen. So werden hier auch die Erlöse aus dem Verkauf von nicht mehr benötigtem Anlagevermögen ausgewiesen.

Der Investitions-Cashflow ist somit ein Netto-Cashflow, der die Auszahlungen für Investitionen nach Abzug der Einzahlungen aus Investitionstätigkeit darstellt.

Für die überwiegende Mehrheit der Unternehmen wird der Investitions-Cashflow immer negativ sein. Das liegt daran, dass die Unternehmen für neue Investitionen wesentlich mehr Geld ausgeben müssen, als sie durch den Verkauf von altem und nicht mehr benötigtem Anlagevermögen an Einzahlungen generieren können. Ein negativer Investitions-Cashflow ist also nicht unbedingt ein Alarmsignal, sondern eher Ausdruck einer normalen Geschäftstätigkeit.

Dennoch sollte die Summe aus operativem Cashflow und Investitions-Cashflow langfristig positiv sein. Denn schließlich müssen die Unternehmen dauerhaft in der Lage sein, die für den Erhalt und Ausbau des Unternehmens notwendigen Investitionen aus eigener Kraft zu tragen. Und zur Finanzierung dieser Investitionen stehen daher nur die eigene operative Tätigkeit und der daraus resultierende Erfolg zur Verfügung.

5.5 Finanzierungs-Cashflow

Der dritte und letzte Bereich der Kapitalflussrechnung betrifft die Finanzierungstätigkeit des Unternehmens. Hierunter fallen alle Zahlungsströme, die im Zusammenhang mit den Eigenkapital- und Fremdkapitalgebern stehen. Die Summe dieser Zahlungsströme wird im Finanzierungs-Cashflow dargestellt. Er wird zudem auch als »Cashflow aus Finanzierungstätigkeit« bezeichnet.

Der Finanzierungs-Cashflow zeigt, welche Liquiditätseffekte im abgelaufenen Jahr zwischen dem Unternehmen und seinen Eigen- und Fremdkapitalgebern aufgetreten sind.

Mit seinen Eigentümern steht das Unternehmen vor allem in zwei Bereichen in Kontakt. Zum einen kann ein Unternehmen einen Teil seines Gewinns an seine Eigentümer ausschütten. Dies ist bei den meisten Unternehmen auch die Regel. Wenn das Unternehmen ein erfolgreiches Jahr hinter sich hat und Gewinne erwirtschaften konnte, können diese ganz oder teilweise an die Eigentümer ausgeschüttet werden.

Ein Unternehmen kann aber auch zusätzliche Liquidität von seinen Eigentümern erhalten. Gerade wenn es Unternehmen finanziell nicht so gut geht, die Geschäftsaussichten aber dennoch überzeugen, sind viele Eigentümer bereit, neues Kapital in das Unternehmen einzubringen. Dies geschieht in Form von Kapitalerhöhungen. Diese sind häufig dann notwendig, wenn die Eigenkapitalbasis des Unternehmens in wirtschaftlich schwierigen Zeiten stark geschwächt ist oder sogar die Insolvenz droht. Bevor es zur Insolvenz kommt, werden alle Anstrengungen unternommen, um das Unternehmen am Leben zu erhalten und wieder auf Erfolgskurs zu bringen.

Viel häufiger ist es jedoch der Fall, dass der Finanzierungs-Cashflow vor allem die Zahlungsströme des Unternehmens mit seinen Fremdkapitalgebern enthält. Nimmt das Unternehmen einen neuen Kredit bei einer Bank auf, so wird die Auszahlung des Kredits hier als positiver Zahlungsstrom erfasst. Ebenso finden sich die Tilgungen bereits aufgenommener Kredite als Auszahlungen im Finanzierungs-Cashflow wieder.

Der Finanzierungs-Cashflow hat typischerweise kein eindeutiges Vorzeichen. Er ist weder langfristig immer positiv noch langfristig immer negativ. Vielmehr ist er als eine Art Ausgleichsposition zu verstehen. Benötigt ein Unternehmen aufgrund hoher Investitionen und unzureichender operativer Cashflows zusätzliche Liquidität, wird es sich um zusätzliche Kapitalgeber bemühen, um diesen Liquiditätsabfluss durch frisches Kapital ausgleichen zu können. Gleichzeitig wird es aber in guten Zeiten versuchen, zuvor aufgenommenes Fremdkapital durch hohe Tilgungen vorzeitig zurückzuzahlen, um auch hohe Zinszahlungen zu vermeiden.

5.6 Liquiditätsmanagement

Aufgrund der besonderen Bedeutung der Liquidität für die Unternehmen kommt ihr auch eine besondere Aufmerksamkeit durch das Management zu. Die Aufrechterhaltung der ständigen Zahlungsbereitschaft ist ein eigener Bereich, um den sich das Management kontinuierlich kümmern muss.

Dabei lässt sich die Arbeit an der Liquidität zeitlich in zwei verschiedene Tätigkeitsbereiche mit unterschiedlichen Schwerpunkten unterteilen, nämlich in

- das kurzfristige Liquiditätsmanagement und
- das langfristige Liquiditätsmanagement.

5.6.1 Kurzfristiges Liquiditätsmanagement

Im Bereich des kurzfristigen Liquiditätsmanagements geht es darum, das Unternehmen jederzeit zahlungsfähig zu halten. Dieses muss jederzeit in der Lage sein, alle Rechnungen pünktlich und vollständig zu begleichen und darüberhinausgehende Zahlungsverpflichtungen zu erfüllen.

Um diese Aufgabe erfüllen zu können, benötigen Unternehmen einen gewissen Liquiditätspuffer, denn kurzfristig sind die Zahlungsströme mit einer gewissen Unsicherheit verbunden. Rechnungen von Lieferanten sind vielleicht noch nicht im Unternehmen eingetroffen und somit zunächst nicht sichtbar. Darüber hinaus stellen nicht gebuchte Rechnungen, die zwar im Unternehmen sind, aber noch nicht gebucht wurden, einen weiteren Unsicherheitsfaktor für die anstehenden Zahlungsverpflichtungen dar.

Aber auch bei den Zahlungseingängen gibt es immer eine gewisse Unsicherheit für das Unternehmen. Es weiß erst, ob ein Kunde bezahlt hat, wenn das Geld auf dem Konto eingegangen ist. Bei Unstimmigkeiten in der Leistungserbringung halten viele Kunden die Zahlung der Rechnung zurück. Erst wenn der Sachverhalt zu ihrer Zufriedenheit geklärt ist, zahlen sie.

Es kommt aber auch immer wieder vor, dass Kunden nicht in der Lage sind, ihre Rechnungen pünktlich und vollständig zu begleichen.

Deshalb kommt dem Forderungsmanagement in diesem Zusammenhang eine besondere Bedeutung zu. Je früher ein Unternehmen auf Verzögerungen reagiert, desto höher ist die Wahrscheinlichkeit, dass es zumindest einen Teil seiner Forderungen noch eintreiben kann.

Das kurzfristige Liquiditätsmanagement ist eine sehr zeitkritische Aktivität. Häufig wird mit tagesgenauen Daten gearbeitet, um wirklich sicher sagen zu können, dass das Unternehmen noch zahlungsfähig ist. Auf diese Weise können sich abzeichnende Risiken frühzeitig erkannt werden und es bleibt noch Zeit, kurzfristig neue Liquiditätsquellen zu erschließen.

5.6.2 Langfristiges Liquiditätsmanagement

Die Herausforderung des langfristigen Liquiditätsmanagements liegt in zwei Bereichen:

- Finanzierung von Wachstum und Investitionen
- Optimierung der Kapitalstruktur

Wie bereits mehrfach betont wurde, müssen Unternehmen kontinuierlich investieren, um Wachstumsambitionen zu realisieren und Kapazitäten zu erhalten, effizienter zu gestalten und auszubauen. Das dafür notwendige Kapital muss zum geplanten Investitionszeitpunkt zur Verfügung stehen. Dies ist die Herausforderung an ein langfristiges Liquiditätsmanagement. Das Finanzmanagement des Unternehmens muss sich daher um explizite Finanzierungsquellen für diese Vorhaben kümmern. Manchmal können Investitionen aus eigenen Mitteln finanziert werden. Häufig reichen diese aber nicht aus, sodass neues Kapital am Fremdkapitalmarkt aufgenommen werden muss.

Dabei ist jedoch immer darauf zu achten, dass das Unternehmen eine gesunde Balance zwischen Eigen- und Fremdkapital erreicht. Grundsätzlich ist Fremdkapital günstiger und daher zu bevorzugen. Allerdings steigt mit zunehmendem Fremdkapital nicht nur der zu zahlende Zinssatz, sondern aufgrund der festen Rückzahlungsverpflichtungen auch das Risiko für das Unternehmen.

Die Unternehmensleitung sollte daher eine Vorstellung davon haben, wie viel Fremdkapital das Unternehmen verkraften kann.

Die zentralen Aussagen des Kapitels

- Liquidität ist für Unternehmen von zentraler Bedeutung, weshalb diese erhebliche Anstrengungen unternehmen, um ihre kurz- und langfristige Liquidität zu steuern.
- Ein Unternehmen muss jederzeit in der Lage sein, seinen finanziellen Verpflichtungen in voller Höhe und fristgerecht nachzukommen, da ansonsten die Insolvenz droht.
- Der gesamte Cashflow eines Unternehmens lässt sich in die drei Bereiche operativer Cashflow, Investitions-Cashflow und Finanzierungs-Cashflow unterteilen, um einen detaillierten Einblick in die Veränderung der Liquidität zu erhalten.
- Der operative Cashflow stellt alle Zahlungsströme aus der originären Geschäftstätigkeit des Unternehmens dar.
- Der Investitions-Cashflow beinhaltet die Liquiditätswirkung der Investitionstätigkeit des Unternehmens.
- Der Finanzierungs-Cashflow umfasst die liquiditätswirksamen Effekte, die das Unternehmen mit seinen Kapitalgebern unterhält.

Kapitel 6

Weitere Bestandteile des Jahresabschlusses

Der betriebliche Jahresabschluss besteht nicht nur aus der Bilanz, der Gewinn- und Verlustrechnung und der Kapitalflussrechnung. Es gibt weitere Bestandteile, die diese drei Berichte ergänzen und zusätzliche Details liefern. Die wichtigsten zusätzlichen Bestandteile sind

- Anhang,
- Lagebericht und
- Segmentberichterstattung.

Mithilfe dieser zusätzlichen Bestandteile, die in einem Jahresabschluss enthalten sein können, kann der Leser des Jahresabschlusses weitere Erkenntnisse gewinnen und tiefer in die Zahlenwelt des Unternehmens eintauchen. Sie ermöglichen somit eine weitergehende Analyse, die mit den drei bisher vorgestellten Berichten allein nicht möglich wäre.

Die weiteren Bestandteile dienen somit der Informationsfunktion des betrieblichen Rechnungswesens, insbesondere des Jahresabschlusses. Die zusätzlichen Informationen ermöglichen es dem Abschlussadressaten, ein noch besseres Verständnis der Lage des Unternehmens zu entwickeln und auf dieser Basis fundiertere Entscheidungen für sich zu treffen.

In diesem Kapitel gehen wir auf diese drei zusätzlichen Elemente näher ein.

6.1 Anhang

Der Anhang ist ein obligatorischer Bestandteil des Jahresabschlusses. Er bildet zusammen mit der Bilanz und der Gewinn- und Verlustrechnung den Jahresabschluss. Er enthält drei Arten von Angaben:

- Anwendung der Rechnungslegungsgrundsätze
- erläuternde und ergänzende Angaben
- sonstige Angaben

6.1.1 Anwendung der Rechnungslegungsgrundsätze

Zunächst enthält der Anhang einen Abschnitt, in dem das Unternehmen über die Anwendung der zugrundeliegenden Rechnungslegungsvorschriften informiert. Dabei ist vor allem von Interesse, wie das Unternehmen von möglichen Wahlrechten der Vorschriften Gebrauch gemacht hat. Für die einzelnen Bilanzposten ist zu erläutern, wie diese angesetzt wurden und welche Bewertungsmethoden zur Anwendung kamen. Bei Fremdwährungsforderungen und -verbindlichkeiten sind zudem die für die Umrechnung verwendeten Wechselkurse anzugeben.

Dieser Abschnitt des Anhangs ist für den Abschlussadressaten vor allem deshalb von Interesse, weil das Unternehmen auch Angaben zu Abweichungen gegenüber Vorperioden zu machen hat. Wurde in früheren Perioden ein anderer Ansatz gewählt oder eine andere Bewertungsmethode zur Bewertung von Posten verwendet, so ist diese Abweichung anzugeben und zu erläutern.

6.1.2 Erläuternde und zusätzliche Angaben

Der Hauptteil des Anhangs enthält weitere erläuternde und ergänzende Angaben zu Posten der Bilanz und der Gewinn- und Verlustrechnung. Diese ergänzenden Angaben werden aus Gründen der Übersichtlichkeit nicht direkt in der Bilanz und Gewinn- und Verlustrechnung, sondern im Anhang gemacht.

So wurden in der Bilanz einige Posten zusammengefasst und aggregiert. Dies betrifft insbesondere das Anlagevermögen. Ein gesonderter Anlagenspiegel im Anhang gibt daher weitere Details zur Struktur und Entwicklung des Anlagevermögens. Darüber hinaus werden Angaben zu den verwendeten Abschreibungsmethoden gemacht.

Auch die Umsatzerlöse sind im Anhang weiter aufzugliedern, und zwar sowohl nach Tätigkeitsbereichen als auch nach Regionen.

Wird die Gewinn- und Verlustrechnung nach dem Umsatzkostenverfahren aufgestellt, sind die Material- und Personalaufwendungen anzugeben.

Bestimmte Sachverhalte kann das Unternehmen aus der Bilanz ausklammern, da für sie ein Ansatzwahlrecht besteht. In diesen Fällen sind Angaben im Anhang erforderlich, um ein vollständiges Bild des Unternehmens zu vermitteln. So sind z.B. zukünftige finanzielle Verpflichtungen aus langfristigen Miet- und Leasingverträgen mit ihrem Betrag im Anhang anzugeben.

6.1.3 Sonstige Angaben

Schließlich hat das Unternehmen noch einige weitere Angaben im Anhang zu machen. Diese sollen wiederum weitere Details und Informationen über das Unternehmen liefern und ein umfassenderes Bild vermitteln.

So enthält der Anhang weitere Angaben zum Aufsichtsrat und zur Geschäftsführung. Deren Mitglieder müssen namentlich genannt werden. Darüber hinaus muss das Unternehmen Angaben zur Gesamtvergütung der Organe machen und angeben, ob weitere Bezugsrechte, z.B. auf Aktien der Gesellschaft, gewährt wurden.

Auch Angaben zur Anzahl der Mitarbeiterinnen und Mitarbeiter sind in den Anhang aufzunehmen.

Der Anhang hat somit eine sehr wichtige Funktion im Rahmen des Jahresabschlusses. Er ergänzt die anderen Bestandteile des Jahresabschlusses, also die Gewinn- und Verlustrechnung und die Bilanz, um wichtige Zusatzinformationen. Dadurch wird eine noch umfassendere Information ermöglicht und die Kernberichte Gewinn- und Verlustrechnung und Bilanz werden von den Detailangaben des Anhangs entlastet.

6.2 Lagebericht

Der Lagebericht ist ein weiteres wichtiges Instrument der Berichterstattung eines Unternehmens an seine Stakeholder. Er ist jedoch streng genommen nicht Teil des Jahresabschlusses. Dieser besteht »nur« aus Bilanz, Gewinn- und Verlustrechnung und Anhang. Der Lagebericht steht als eigenständiger Bericht daneben. Dennoch können Jahresabschluss und Lagebericht als eine Einheit betrachtet werden, die eng miteinander verknüpft sind. Beide Berichtsinstrumente zusammen vermitteln ein umfassendes und vollständiges Bild über die Lage des Unternehmens.

Grundsätzlich enthält der Lagebericht zusätzliche Informationen, die im Jahresabschluss nicht enthalten sind. Insbesondere kommentiert und analysiert der Lagebericht den Geschäftsverlauf des Unternehmens im abgelaufenen Geschäftsjahr. Darüber hinaus enthält der Lagebericht zukunftsbezogene Aussagen.

Der Lagebericht lässt sich grob in drei Teile gliedern:

- Angaben zum wirtschaftlichen Umfeld und zum Geschäftsverlauf
- Angaben zur Vermögens-, Finanz- und Ertragslage des Unternehmens
- Nichtfinanzielle Leistungsindikatoren

6.2.1 Rahmenbedingungen und Geschäftsentwicklung

Der Lagebericht stellt die Rahmenbedingungen dar, in denen sich das Unternehmen bewegt. Er enthält daher Angaben, die die Bedeutung des gesamtwirtschaftlichen Umfelds vermitteln. Das Unternehmen ist Akteur in der Gesamtwirtschaft (siehe auch *Kapitel 1*) und damit Kräften ausgesetzt, die es zwar maximal beeinflussen, aber nicht kontrollieren kann. So hat die konjunkturelle Entwicklung einen erheblichen Einfluss auf die Geschäftsaussichten der meisten Unternehmen. Auch finanzwirtschaftliche Indikatoren wie die Inflationsrate und das Zinsumfeld sind für viele Unternehmen von entscheidender Bedeutung.

Aber auch das Marktumfeld der Branche, in der sich das Unternehmen bewegt, wird im Lagebericht kommentiert. Einzelne Märkte können sich unabhängig von oder gegenläufig zur Gesamtwirtschaft entwickeln und damit zusätzliche Geschäftschancen für die beteiligten Unternehmen eröffnen. Die Perspektiven der relevanten Märkte und deren erwartete Entwicklung werden daher hier dargestellt.

Aber auch Angaben zum grundsätzlichen Geschäftsverlauf des Unternehmens sind zu machen. Diese eher allgemein gehaltene Kommentierung der Unternehmensentwicklung soll eine Gesamtaussage ermöglichen.

6.2.2 Vermögens-, Finanz- und Ertragslage

Der Lagebericht enthält darüber hinaus gesonderte Abschnitte, in denen ausführlich auf

- die Vermögenslage,
- die Finanzlage und
- die Ertragslage

des Unternehmens eingegangen wird.

Bei der Kommentierung der *Vermögenslage* ist auf die wesentlichen Vermögensteile des Unternehmens einzugehen. Darüber hinaus sind wesentliche Veränderungen einzelner Posten gegenüber dem Vorjahr zu erläutern. Hierdurch erhält der Adressat des Lageberichts eine analytische Einordnung der Vermögensstruktur des Unternehmens und deren Veränderung.

Im Rahmen der *Finanzlage* wird auf die Kapitalstruktur des Unternehmens eingegangen. Auch hier sind die zentralen Positionen zu kommentieren und auch wesentliche Veränderungen einzuordnen. Das Ziel ist es, dem Leser des

Lageberichts ein realistisches Bild der Finanzlage des Unternehmens zu vermitteln.

Bei der *Ertragslage* ist die Rentabilität des Unternehmens zu erläutern. So wird die Entwicklung der Umsatzerlöse kommentiert und in Relation zum Vorjahr gesetzt. Auch die Entwicklung der einzelnen Aufwandspositionen und deren Ursachen fließen in die Darstellung der Ertragslage ein. Damit soll der Lagebericht ein besseres Verständnis dafür vermitteln, wo die wesentlichen Quellen des Unternehmenserfolgs zu finden sind.

6.2.3 Nichtfinanzielle Leistungsindikatoren

Insbesondere große Kapitalgesellschaften müssen weitere Angaben im Lagebericht machen. Diese sogenannten »nichtfinanziellen Leistungsindikatoren« sollen ein Bild vermitteln, das sich aus den reinen Unternehmenszahlen nicht ergibt. Daher enthält der Lagebericht in diesem Fall weitere Bestandteile wie

- Chancenbericht,
- Risikobericht und
- Prognosebericht.

Der Chancenbericht soll die wesentlichen unternehmerischen Chancen darstellen, die sich für das Unternehmen in der Zukunft ergeben können. Diese Chancen können sich aus dem Unternehmen selbst oder aus der erwarteten Entwicklung des Marktumfeldes ergeben. Beispielsweise bieten regionale Wachstumsinitiativen für Unternehmen erhebliche Chancen, ihre Profitabilität zu steigern. Auch die Erweiterung oder Erneuerung der Angebotspalette kann eine Quelle zukünftiger Rentabilität sein. Positive Markt- und Wettbewerbsperspektiven sind weitere typische Chancen, mit denen sich Unternehmen konfrontiert sehen können.

Im Rahmen der Risikoberichterstattung informieren die Unternehmen über die zentralen Risikofelder, denen sie ausgesetzt sind. Sie geben Auskunft darüber wie relevant die Risiken sind und welche Gefahren bei ihrem Eintritt drohen. Zur besseren Einordnung sollte aber auch dargestellt werden, wie sich das Unternehmen gegenüber diesen Risiken positioniert und welche Maßnahmen es ergriffen hat und ergreifen wird, um die negativen Auswirkungen bei Risikoeintritt zu begrenzen oder gar ganz zu beseitigen.

Der Prognosebericht eines Unternehmens ist explizit in die Zukunft gerichtet. Hier gibt das Unternehmen an, welche Entwicklung es für den Prognosezeitraum der nächsten zwei Jahre für wahrscheinlich hält. Erläuterungen, worauf die Annahmen im Prognosebericht beruhen, runden auch hier das Bild ab.

Auch der Prognosebericht enthält zukunftsbezogene Zahlen, die naturgemäß mit einem hohen Maß an Unsicherheit behaftet sind.

6.2.4 Zukünftig: Nachhaltigkeitsbericht

Der Lagebericht wird in Zukunft weiter an Bedeutung gewinnen, denn er wird um ein zentrales Element erweitert. Schritt für Schritt müssen Unternehmen in den kommenden Jahren ihren Lagebericht um einen Nachhaltigkeitsbericht ergänzen. Hier soll umfassend über die Auswirkungen der Unternehmenstätigkeit auf die Umwelt berichtet werden. Dies erfordert in den Unternehmen massive Anstrengungen, um diesen umfangreichen zusätzlichen Anforderungen gerecht zu werden.

6.3 Segmentberichterstattung

Gerade große Unternehmen, die schon lange aktiv sind, haben sich im Laufe der Zeit sehr breit und umfassend aufgestellt. Sie betreiben viele unterschiedliche Geschäftsmodelle und sind auch regional sehr breit aufgestellt. Häufig sind die Geschäftsfelder dieser Unternehmen nur lose oder gar nicht miteinander verbunden. Zudem sind die verschiedenen Geschäftsmodelle sehr unterschiedlichen Marktkräften, Trends und regulatorischen Anforderungen ausgesetzt. Solche diversifizierten Unternehmen bezeichnet man als »Konglomerate«. Sie sind ein Zusammenschluss von sehr unterschiedlichen Geschäftsaktivitäten unter einem Dach.

In solchen Fällen können Unternehmen den Adressaten ihrer Geschäftsberichte zusätzliche Informationen zur Verfügung stellen. Eine Möglichkeit ist die Segmentberichterstattung. Dabei handelt es sich um ein Berichtsinstrument, das von Unternehmen freiwillig genutzt werden kann, um zusätzliche Details für verschiedene Geschäftsbereiche bereitzustellen.

Die Segmentberichterstattung ermöglicht es dem Unternehmen, seine Geschäftstätigkeit in verschiedene Segmente zu untergliedern. Für jedes Segment werden hierbei die wesentlichen Posten dargestellt, um ein differenziertes Bild der Vermögens-, Finanz- und Ertragslage je Segment zu vermitteln.

Durch die Aufgliederung des Berichts in Unternehmensbereiche wird eine tiefergehende Analyse ermöglicht. Der Abschlussadressat kann so einen Einblick in die unterschiedliche Geschäftsdynamik der Segmente gewinnen. Er kann beispielsweise die Margensituation der einzelnen Segmente besser verstehen, wie anlagenintensiv die einzelnen Segmente sind und wo der größte

Investitionsbedarf besteht. Diese Art von Einblick ermöglicht ein tieferes Verständnis für die unterschiedliche Dynamik der einzelnen Segmente.

Darüber hinaus ermöglichen Segmentberichte den Vergleich von Unternehmen mit ihren Wettbewerbern, auch wenn diese ein diversifiziertes Geschäft betreiben. Durch die Darstellung der zentralen Informationen je Segment wird ein Vergleich des Segments mit seinen Wettbewerbern ermöglicht.

Auch für die Unternehmen selbst schafft die Segmentberichterstattung eine Transparenz, die durchaus von Vorteil sein kann. Sehr häufig werden große Konglomerate an der Börse mit einem Abschlag bewertet, der als »Konglomeratsabschlag« bezeichnet wird.

Der Grund liegt darin, dass ein Konglomerat die Funktion der Diversifikation übernimmt. Durch die Bündelung vieler sehr unterschiedlicher Geschäfte unter einem Dach wird das Einzelrisiko eines Geschäftsfeldes minimiert. Geht es einem Segment wirtschaftlich schlecht, kann ein anderes, besser laufendes Segment die schlechten Ergebnisse des schlechter laufenden Segments ausgleichen und negative Effekte abfedern. Damit übernehmen Konglomerate eine gewisse Diversifikationsfunktion.

Allerdings wird am Kapitalmarkt häufig argumentiert, dass die Diversifikationsfunktion besser auf der Ebene des einzelnen Investors wahrgenommen werden sollte. Denn dieser ist in der Steuerung seiner individuellen Risikowahrnehmung durch gezielte Investitionen in unterschiedliche Unternehmen viel flexibler.

Findet die Risikodiversifikation jedoch auf der Ebene eines Unternehmens statt, so wird eine Risikostreuung für alle Investoren des Unternehmens erzwungen. Aus diesem Grund werden Konglomerate in der Regel schlechter bewertet, als die einzelnen Segmente als eigenständige Unternehmen bewertet werden würden. Solche Überlegungen führen immer wieder dazu, dass sich Konglomerate aufspalten und ihre einzelnen Geschäftsbereiche als eigenständige Unternehmen an die Börse bringen. Erst kürzlich hat sich der Siemens-Konzern auf diese Weise aufgespalten und seine ehemaligen Sparten als eigenständige Unternehmen an die Börse gebracht.

Die zentralen Aussagen des Kapitels

- Der betriebliche Jahresabschluss besteht nicht nur aus der Bilanz, der Gewinn- und Verlustrechnung und der Kapitalflussrechnung, sondern enthält noch weitere Bestandteile.

- Der Anhang enthält weitere Erläuterungen zu den Zahlen der Bilanz und der Gewinn- und Verlustrechnung sowie Angaben zu Wahlrechten der Rechnungslegungsvorschriften.
- Der Lagebericht ist ein gesonderter Bericht, der neben dem Jahresabschluss steht und eng mit ihm verknüpft ist. Er liefert eine analytische Einordnung der Lage des Unternehmens und enthält zukunftsgerichtete Informationen über die Chancen und Risiken des Unternehmens sowie dessen weitere Entwicklung.
- Die Segmentberichterstattung bietet sich für große Konzerne mit mehreren Geschäftssegmenten an und ermöglicht es, für diese Geschäftssegmente gesonderte Angaben zu machen, die dem Abschlussadressaten ein besseres Verständnis der einzelnen Segmente ermöglichen.

Kapitel 7
Bilanzpolitik

Das typische Bild, das wir von Finanzen im Kopf haben, ist das von Exaktheit, klaren Regeln und Eindeutigkeit. Nicht umsonst sprechen wir bei Buchhaltern gerne von Erbsenzählern, die es so genau nehmen, dass sie sogar auf die fünfte Nachkommastelle genau rechnen wollen. Buchhalter verstehen keinen Spaß und alles, was sie produzieren, ist unzweifelhaft korrekt und eindeutig.

Doch dieses Bild täuscht. Man könnte meinen, die Zahlen eines Unternehmens wären immer eindeutig und es gäbe überhaupt keinen Spielraum für Interpretationen und Auslegungen.

Doch das ist nicht richtig. Tatsächlich sind die Rechnungslegungsvorschriften nicht so eindeutig, wie man meinen könnte. Es gibt kein Schwarz und Weiß, sondern viele Grautöne dazwischen.

Unter Bilanzpolitik versteht man daher die gezielte Gestaltung der Finanzen eines Unternehmens innerhalb der durch die Rechnungslegungsvorschriften vorgegebenen Rahmenbedingungen.

Entgegen der landläufigen Meinung verfügen Unternehmen über zahlreiche Möglichkeiten, ihr Zahlenwerk gezielt zu beeinflussen. Für den Abschlussadressaten ergibt sich dadurch ein Problem. Wie kann man sich auf die Zahlen verlassen, wenn sie von den Unternehmen bewusst gestaltet werden können?

Zunächst ist es grundsätzlich hilfreich zu verstehen, dass Zahlen keine absolut belastbaren Fakten sind, sondern eben der Gestaltung durch das Unternehmen unterliegen können. Eine gewisse Skepsis und kritische Haltung sind daher angebracht.

Zudem ist es hilfreich, die Gestaltungsmöglichkeiten der Unternehmen zu kennen, um sich ein unabhängiges Bild von der Situation eines Unternehmens machen zu können.

Natürlich können Unternehmen nicht völlig frei gestalten, sondern müssen sich an die geltenden Regeln halten. Auch dieses Wissen um die Grenzen der Bilanzpolitik hilft dem Bilanzadressaten, die Situation besser einordnen zu können.

Wir wollen uns daher in diesem Kapitel mit dem Thema Bilanzpolitik aus der Sicht des Lesers von Geschäftsberichten näher beschäftigen. Dazu werden wir uns zunächst mit den Zielen beschäftigen, die der Bilanzpolitik zugrunde liegen können. Denn eine eindeutige Richtung ist hier nicht erkennbar! Dann werden wir uns mit den Möglichkeiten beschäftigen, die Unternehmen haben, um ihre Zahlen zu beeinflussen und zu gestalten. Abschließend wird auf die Grenzen der Bilanzpolitik eingegangen, die das unternehmerische Handeln einschränken.

Dies schafft ein Grundverständnis für das Instrument der Bilanzpolitik und hilft, eine kritische Haltung gegenüber dem Zahlenwerk eines Unternehmens zu entwickeln und das Bewusstsein dafür zu schärfen, dass eine eigene, unabhängige Meinung das Ziel der Auseinandersetzung mit dem Jahresabschluss eines Unternehmens sein sollte.

7.1 Zielsetzung der Bilanzpolitik

Die Mittel der Bilanzpolitik können von Unternehmen dazu eingesetzt werden, um deren Finanzen bewusst zu gestalten. Selbstverständlich bewegt man sich dabei im Rahmen der geltenden Rechnungslegungsvorschriften. Es stellt sich jedoch die Frage, welchen Zweck die Unternehmen damit verfolgen. Durch die Bilanzpolitik können die Zahlen eines Unternehmens sowohl verbessert als auch verschlechtert werden.

7.1.1 Positivere Darstellung

Die wichtigsten Ziele, die hinter einer positiven Beeinflussung der Zahlen stehen, sind

- die Erhöhung der Kreditwürdigkeit des Unternehmens,
- die Verbesserung der Finanzierungskonditionen für das Unternehmen,
- eine positivere Außendarstellung,
- die Verschleierung von Risiken,
- die Ergebnisglättung und
- die Stabilisierung der Finanzlage.

Eine stabile Finanzierung ist ein zentrales Anliegen der Unternehmensführung. Wie bereits dargestellt (siehe *Kapitel 3*), stützen sich Unternehmen dabei nicht nur auf das von den Eigentümern zur Verfügung gestellte Kapital. Die Aufnahme von zusätzlichem Fremdkapital senkt insgesamt die Finanzierungskosten und schafft darüber hinaus Zugang zu weiterem Kapital, sodass mehr Wachstum und auch mehr Investitionen finanziert werden können.

Die Fähigkeit eines Unternehmens, Fremdkapital aufzunehmen, hängt jedoch stark von der Qualität seiner Zahlen ab. Erwirtschaftet ein Unternehmen keine zufriedenstellenden Gewinne, ist es schwierig, überhaupt Fremdkapitalgeber zu finden, die bereit sind, dem Unternehmen Kapital zu leihen.

Aber auch für die Banken wird es immer schwieriger, Unternehmen Kapital zur Verfügung zu stellen. Sie müssen sich nicht nur ein unabhängiges und umfassendes Bild von der Lage des Unternehmens machen, sondern sind auch gezwungen, das geliehene Geld ihrerseits mit eigenem Eigenkapital zu unterlegen. Diese Regulierungen sind das Ergebnis diverser Finanzskandale und Fehlentwicklungen der Vergangenheit.

Ein Unternehmen ist daher stets bestrebt, seine finanzielle Situation so gut wie möglich darzustellen, um die eigene Kreditwürdigkeit zu erhalten und nach Möglichkeit zu optimieren.

In diesem Zusammenhang sind auch die zu zahlenden Konditionen ein wesentliches Motiv für bilanzpolitische Maßnahmen. Je geringer das finanzielle Risiko des Unternehmens für einen Fremdkapitalgeber ist, desto günstiger können die Konditionen für die Aufnahme von Fremdkapital sein. Auch vor diesem Hintergrund sind Unternehmen bestrebt, ihre Finanzlage möglichst positiv darzustellen. Geringere Zinsen für aufgenommenes Fremdkapital bedeuten auch geringere Finanzierungskosten und ein geringeres Risiko für das Unternehmen.

Auch das Image eines Unternehmens gegenüber Investoren, Kunden, Lieferanten, Mitarbeitern und der Öffentlichkeit kann durch bessere Finanzen positiv beeinflusst werden. Hat ein Unternehmen gute Zahlen vorzuweisen, kann es unter Umständen eine ebenso gute Presse erhalten. Außerdem erleichtert es die Pflege der Beziehungen zu wichtigen Kunden und Lieferanten. Auch diese machen lieber Geschäfte mit einem Partner, der finanziell gesund und stabil ist.

Auch die Mitarbeiterinnen und Mitarbeiter eines Unternehmens fühlen sich sicherer, wenn ihr Arbeitgeber gute Zahlen schreibt. Vor diesem Hintergrund können bilanzpolitische Instrumente eingesetzt werden, um die Außenwirkung des Unternehmens positiv zu beeinflussen.

Darüber hinaus können bestehende Risiken durch eine positivere Gestaltung der Finanzen als weniger bedeutsam dargestellt und unter Umständen sogar verschleiert werden. Sieht sich ein Unternehmen negativen Entwicklungen in seinen Rahmenbedingungen ausgesetzt, kann es durch eine gezielte positive Beeinflussung seiner Finanzkennzahlen Zeit gewinnen, um Verbesserungsmaßnahmen einzuleiten und die bestehenden Risiken zu adressieren und im Idealfall sogar zu beseitigen.

Häufig werden bilanzpolitische Methoden auch eingesetzt, um eine stabile und kontinuierliche Ergebnissituation zu erreichen. Insbesondere börsennotierte Unternehmen sehen sich teilweise irrationalen Reaktionen ausgesetzt, wenn die Ergebnisse im Zeitablauf stark schwanken. Daher sind die Vorstände solcher Unternehmen stets bestrebt, eine stabile und im Idealfall steigende Ergebnissituation berichten zu können. Dazu werden auch die Möglichkeiten der Bilanzpolitik genutzt.

7.1.2 Negativere Darstellung

Es gibt aber nicht nur das Ziel, die Lage des Unternehmens besser darzustellen und positiv zu färben, auch wenn dies der Regelfall sein wird. Es kann auch gute Gründe geben, die Zahlen des Unternehmens bewusst schlechter darzustellen. Dazu gehören insbesondere

- die Verringerung der Steuerlast und
- die Verringerung der Zahlungsverpflichtungen.

Der Hauptgrund für eine schlechtere Darstellung ist die Verringerung der zu zahlenden Ertragsteuern. Wenn ein Unternehmen seine Ergebnisse nach unten korrigiert, sinkt der Gewinn des Unternehmens und damit auch die Verpflichtung, höhere Steuern zu zahlen.

Allerdings hat diese Art der Gestaltung nur eine aufschiebende Wirkung. Denn früher oder später muss das Unternehmen die tatsächlichen Ergebnisse ausweisen und dann auch Steuern darauf zahlen. Bilanzpolitische Maßnahmen helfen jedoch, diese Zahllast in die Zukunft zu verschieben. Dies hat für das Unternehmen den Vorteil, dass mehr Geld im Unternehmen verbleibt und nicht an den Fiskus abgeführt werden muss. Mit diesem Kapital kann dann operativ gearbeitet werden, wodurch in Zukunft sogar bessere Ergebnisse erzielt werden.

In eine ähnliche Richtung geht das grundsätzliche Ziel, die Zahlungen zu reduzieren. Der Hauptgrund für solche Zahlungen sind Gewinnausschüttungen an die Eigentümer. Ein Management, das weniger Geld an die Eigentümer ausschütten möchte, um mit diesem Kapital arbeiten zu können, wird durch bilanzpolitische Maßnahmen auch seine Ergebnisse nach unten anpassen können. Weniger Gewinn bedeutet auch weniger Gewinnausschüttung und damit mehr Kapital im Unternehmen für Wachstum und Investitionen.

Häufig werden bilanzpolitische Maßnahmen von Unternehmen auch eingesetzt, um eher kurzfristige Ziele zu verfolgen. Im Rahmen einer potenziellen Verkaufstransaktion sind die Verkäufer bestrebt, das zu verkaufende Unternehmen so gut wie möglich darzustellen. Da ein Eigentümerwechsel angestrebt wird, verlieren langfristige Konsequenzen ein wenig an Bedeutung und man ist unter Umständen geneigt, bilanzpolitische Maßnahmen stärker gestaltend einzusetzen.

Solche kurzfristigen Maßnahmen werden auch als »window dressing« bezeichnet. Man möchte die »Schaufenster« des Unternehmens attraktiver gestalten und greift deshalb zu bilanzpolitischen Instrumenten. Allerdings schwingt in diesem Begriff auch eine negative Sichtweise solcher Maßnahmen mit: Man will das Äußere aufhübschen, auch wenn es hinter den hübschen Vorhängen in Wirklichkeit nicht ganz so hübsch aussieht.

7.2 Formelle und materielle Bilanzpolitik

Nachdem wir nun die Bilanzpolitik grundsätzlich beleuchtet haben und Sie ein Verständnis für die unterschiedlichen Zwecke und Ziele hinter den Maßnahmen entwickelt haben, stellt sich nun die Frage, wie diese Maßnahmen konkret aussehen. Die verschiedenen Instrumente der Bilanzpolitik lassen sich grundsätzlich in zwei Kategorien einteilen:

- formelle Bilanzpolitik
- materielle Bilanzpolitik

7.2.1 Formelle Bilanzpolitik

Bei der formellen Bilanzpolitik geht es um die äußere Gestaltung der Finanzen eines Unternehmens. Dabei geht es um die Darstellung und Präsentation.

Mithilfe der Instrumente der formellen Bilanzpolitik soll erreicht werden, dass die dargestellten Informationen eine bestimmte Wirkung bei den Adressaten entfalten.

Zu den zentralen Instrumenten der formellen Bilanzpolitik gehören

- Ansatzwahlrechte,
- Ausweiswahlrechte,
- Gliederungswahlrechte,

- die Wahl des Abschlussstichtags,
- die Wahl des Veröffentlichungszeitpunkts und
- die äußere Gestaltung der Berichterstattung.

Unternehmen haben bestimmte Wahlrechte, ob und wie sie Sachverhalte im Abschluss darstellen. Beispielsweise können erhaltene Anzahlungen von Kunden entweder als Verbindlichkeit auf der Passivseite der Bilanz ausgewiesen oder offen von den Vorräten auf der Aktivseite abgesetzt werden.

Im Falle der offenen Absetzung führt dies zu einer Verkürzung der Bilanzsumme. Dies wiederum führt zu einem höheren Anteil des Eigenkapitals an der Bilanzsumme und damit zur verbesserten Darstellung der finanziellen Stabilität des Unternehmens.

Grundsätzlich können Unternehmen auch beeinflussen, wie umfangreich sie bestimmte Erläuterungen, z.B. im Anhang oder im Lagebericht, gestalten. Werden nur die absolut notwendigen Angaben gemacht, werden die Adressaten über bestimmte Sachverhalte im Unklaren gelassen.

Auch die gewählte Gliederung der Gewinn- und Verlustrechnung hat Einfluss auf die Informationsversorgung der Leser des Jahresabschlusses. Je nachdem, ob die Gewinn- und Verlustrechnung nach dem Umsatzkostenverfahren oder dem Gesamtkostenverfahren aufgestellt wird, ergeben sich unterschiedliche Einblicke in die Kostenstruktur des Unternehmens.

Auch der Bilanzstichtag kann die Darstellung der Zahlen beeinflussen. Dies ist insbesondere dann der Fall, wenn ein Unternehmen seinen Bilanzstichtag ändert. In diesem Fall ist das Rumpfgeschäftsjahr kürzer als 12 Monate. Die Veränderung des Bilanzstichtags hat jedoch nur einen kurzfristigen Einfluss.

Allerdings kann ein Unternehmen auch mit der Wahl des Veröffentlichungszeitpunkts seines Jahresabschlusses gestaltend wirken. Je früher ein Unternehmen seine Zahlen veröffentlicht, desto früher werden die Stakeholder über die wirtschaftliche Lage des Unternehmens informiert.

Wählt das Unternehmen hingegen den spätestmöglichen Veröffentlichungszeitpunkt, kann seit dem Bilanzstichtag bereits einige Zeit vergangen sein. Dies hat zur Folge, dass die veröffentlichten Informationen bereits an Aussagekraft verloren haben, da sie sich auf einen längst vergangenen Zeitpunkt und Zeitraum beziehen.

Schließlich hat auch die äußere Gestaltung des Berichts einen Einfluss auf dessen Wirkung. Selbst wenn alle Informationen vorhanden sind, kann durch die Gestaltung eine verschleiernde Wirkung erzielt werden. Dies gilt allerdings eher für Unternehmen aus dem europäischen Raum, die eine größere Gestaltungsfreiheit bei der Aufmachung ihrer Berichte haben. Amerikanische Unternehmen müssen sich dagegen an eine stark vorgegebene Struktur halten. Die Pflichtveröffentlichungen 10K und 10Q amerikanischer Unternehmen sind aufgrund ihrer starken und verbindlichen Struktur gut vergleichbar.

7.2.2 Materielle Bilanzpolitik

Bei der materiellen Bilanzpolitik geht es nicht um die äußere Gestaltung gegebener Sachverhalte, sondern um die Beeinflussung der Sachverhalte selbst. Der Einsatz materieller Maßnahmen erfordert daher einen längeren Vorlauf und eine entsprechende Umsetzungsplanung. Allerdings kann mit den Mitteln der materiellen Bilanzpolitik eine deutlich stärkere Wirkung auf die dargestellten Informationen des Unternehmens erzielt werden.

Zu den zentralen Maßnahmen zählen

- Ermessensspielräume,
- Ansatzwahlrechte,
- Bewertungswahlrechte und
- Sachverhaltsgestaltungen.

Eines der wichtigsten bilanzpolitischen Instrumente ist die *Nutzung von Ermessensspielräumen.* Insbesondere bei Ansatz und Bewertung von Rückstellungssachverhalten sind die Möglichkeiten des Unternehmens sehr weitreichend.

So können Unternehmen nicht nur für oder gegen den Ansatz bestimmter Rückstellungen argumentieren, sondern auch die Höhe der Rückstellungen sehr weitreichend beeinflussen.

Auch die Wahl der handelsrechtlichen Nutzungsdauern für die Abschreibung des Anlagevermögens kann einen erheblichen Einfluss auf die Höhe der Abschreibungen und damit auf die Rentabilität des Unternehmens haben.

Im Rahmen von *Ansatzwahlrechten* können Unternehmen in gewissen Grenzen auch entscheiden, ob sie selbst erstellte immaterielle Vermögenswerte in ihrer Bilanz aktivieren oder die zugrunde liegenden Aufwendungen in einer Periode vollständig als Aufwand erfassen.

Auch bei der Wahl bestimmter *Bewertungsmethoden* haben Unternehmen einen gewissen Spielraum. So kann ein Unternehmen beispielsweise bei den Vorräten zwischen den Verbrauchsfolgeverfahren »Lifo« und »Fifo« wählen.

Lifo steht für »last in, first out« und hat die Annahme zur Folge, dass die Materialien, die zuletzt in das Lager gelangt sind, zuerst verbraucht werden.

Im Gegensatz dazu bedeutet Fifo, »first in, first out«, genau das Gegenteil. Die Materialien, die zuerst ins Lager kommen, werden auch zuerst verbraucht.

Bei stabilen Einkaufskonditionen haben beide Verfahren keinen Einfluss. Bei steigenden Preisen können jedoch durch die Wahl des Lifo-Verfahrens stille Reserven in den Beständen aufgebaut werden. Die Vorräte werden dann niedriger bewertet, als sie es am Markt tatsächlich wert sind.

Auch die *direkte Gestaltung von Sachverhalten* kann eine bilanzpolitische Maßnahme mit erheblichem Einfluss sein. So kann ein Unternehmen bewusst entscheiden, wann es bestimmte Maßnahmen durchführt. Werden fällige Instandhaltungsarbeiten auf einen Zeitpunkt nach dem Bilanzstichtag verschoben, fallen die damit verbundenen Aufwendungen erst im folgenden Geschäftsjahr an und schmälern somit nicht den Gewinn des Unternehmens im aktuellen Geschäftsjahr.

Bilanzpolitische Maßnahmen sind, wie Sie gesehen haben, sehr umfangreich und haben zum Teil erheblichen Einfluss auf die Aussagen des Jahresabschlusses. Daher sollte man als Leser der Zahlen eines Unternehmens immer eine gewisse Skepsis an den Tag legen und im Zweifelsfall davon ausgehen, dass ein Unternehmen die Möglichkeiten der Bilanzpolitik auch nutzt.

7.3 Grenzen der Bilanzpolitik

Nun könnte man fast auf die Idee kommen, dass die Rechnungslegungsvorschriften nichts wert sind und die Unternehmen ihre Zahlen fast beliebig manipulieren und beeinflussen können. Dem ist nicht so: Das Gegenteil ist der Fall.

Die Möglichkeiten, durch bilanzpolitische Maßnahmen Einfluss auf das Zahlenwerk zu nehmen, haben klare und eindeutige Grenzen, die die Möglichkeiten erheblich einschränken.

Zum einen sind die Unternehmen an eine Vielzahl von Vorschriften gebunden. Die meisten dieser Vorschriften geben klare Regeln vor, an die sich die Unternehmen halten müssen. Nur ein Teil der Vorschriften eröffnet Möglichkeiten für bilanzpolitische Maßnahmen. Die überwiegende Zahl der Vorschriften enthält jedoch keine Ansatz- oder Bewertungswahlrechte oder Ermessensspielräume.

Insbesondere das im deutschen Handelsrecht bedeutsame Vorsichtsprinzip schränkt die Gestaltungsmöglichkeiten deutlich ein. Im Zweifelsfall müssen Unternehmen konservativ vorgehen und schlechte Ergebnisse proaktiv berücksichtigen, auch wenn sie nicht als völlig wahrscheinlich angesehen werden. Positive Entwicklungen dürfen dagegen erst dann berücksichtigt werden, wenn sie sicher und eingetreten sind. Dies allein führt schon zu einer eher konservativen Berichterstattung, in der die Ergebnisse eines Unternehmens tendenziell schlechter dargestellt werden, als sie es nach sehr objektiven Maßstäben sein müssten.

Hinzu kommt, dass gerade große Unternehmen der Prüfungspflicht unterliegen. Sie müssen ihr Zahlenwerk jährlich von unabhängigen Wirtschaftsprüfern prüfen und testieren lassen. Natürlich lassen sich dadurch insbesondere kriminelle Ausgestaltungen nicht vollständig verhindern. Für gesetzestreue Unternehmen, die die Vorschriften nur im Rahmen der gegebenen Möglichkeiten auslegen, ist damit aber eine sehr hohe Belastbarkeit der Zahlen gegeben.

Auch die Pflichtangaben im Anhang zur Anwendung und Auslegung der Rechnungslegungsvorschriften schieben einer allzu ausufernden Bilanzpolitik einen Riegel vor. Denn hier müssen die Unternehmen nicht nur die in Anspruch genommenen Wahlrechte erläutern, sondern vor allem auch darüber informieren, wenn sie von einer bisherigen Praxis bei der Auslegung der Vorschriften abweichen. Darüber hinaus sind in diesem Zusammenhang auch die Auswirkungen der geänderten Auslegung darzustellen. Auf diese Weise können sich die Abschlussadressaten auf eine Kontinuität in der Anwendung der Rechnungslegungsvorschriften verlassen oder werden zumindest umfassend über Abweichungen informiert.

Ein weiterer Aspekt, der die Möglichkeiten der Bilanzpolitik einschränkt, ist die Analystengemeinde. Insbesondere große börsennotierte Unternehmen werden von Analysten beobachtet. Dabei handelt es sich meist um Mitarbeiter von Großbanken, die Berichte über die Zahlen und die Performance des Unternehmens erstellen. Darin wird das Unternehmen umfassend analysiert und ein Ausblick auf die mögliche zukünftige Performance gegeben. Durch diese Art von Transparenz, insbesondere bei großen Unternehmen, wird allzu kritischen Bilanztricks ein Riegel vorgeschoben. Gute Analysten durchschauen bilanzpolitische Maßnahmen leicht und bereinigen sie in ihren Analysen.

Nicht zuletzt stellen bilanzpolitische Maßnahmen selbst eine gewisse Grenze dar, denn jede Maßnahme hat Konsequenzen, von denen nicht alle den Zielen des Unternehmens entsprechen. Viele Maßnahmen stehen im Widerspruch zueinander und führen unter Umständen auch zu unerwünschten Effekten. Ein Unternehmen wird daher selbst sehr sorgfältig abwägen, ob es eine bestimmte Maßnahme umsetzt oder nicht.

Die zentralen Aussagen des Kapitels

- Bilanzpolitische Methoden können von Unternehmen eingesetzt werden, um ihr Ergebnis im Jahresabschluss im Rahmen der geltenden Rechnungslegungsvorschriften besser oder schlechter darzustellen, wobei eine bessere Ergebnisdarstellung meist beabsichtigt wird.
- Damit werden unterschiedliche Ziele verfolgt, wie z.B. die Verbesserung der Kreditwürdigkeit des Unternehmens, die Verbesserung der Außendarstellung oder die Reduzierung von erfolgsabhängigen Zahlungsverpflichtungen.
- Die Methoden der Bilanzpolitik lassen sich in formelle und materielle Maßnahmen unterteilen.
- Bei der formellen Bilanzpolitik ist das Ziel, die Außendarstellung der Zahlen durch verschiedene Methoden zu verändern.
- Bei der materiellen Bilanzpolitik gestalten Unternehmen konkrete Sachverhalte, um eine Veränderung des Zahlenwerks zu erreichen.
- Unternehmen können Bilanzpolitik nicht beliebig betreiben, sondern sind in ihren Möglichkeiten eingeschränkt, z.B. durch geltende Vorschriften, verpflichtende Anhangsangaben, eine aufmerksame Investorengemeinschaft oder das Gebot der Kontinuität in der Anwendung von Vorschriften.

Teil 3

Bilanzanalyse

Kapitel 8

Einführung in die Bilanzanalyse

Sie haben schon viel gelernt. Wir haben uns mit allen Bestandteilen des Jahresabschlusses beschäftigt und Sie haben erfahren, wie die einzelnen Berichte und Bestandteile zu verstehen sind. Bilanz, Gewinn- und Verlustrechnung und Kapitalflussrechnung verstehen und auswerten zu können, ist aber nur der erste Schritt. Mit den darin enthaltenen Informationen kann man noch viel mehr anfangen. Hier kommt die Bilanzanalyse ins Spiel.

Mithilfe analytischer Methoden können wir aus den Zahlen der Berichte noch viel mehr Erkenntnisse gewinnen. Durch die Bilanzanalyse wird die Aussagekraft eines Jahresabschlusses deutlich erhöht und es können Erkenntnisse gewonnen werden, die den Berichten so nicht direkt zu entnehmen sind.

Grundsätzlich lässt sich die Bilanzanalyse in einen qualitativen und einen quantitativen Teil unterteilen. Wir werden uns hier vor allem auf die quantitativen Analysemethoden konzentrieren.

Die Bilanzanalyse konzentriert sich nicht nur auf die Bilanz, auch wenn der Name dies vermuten lässt. Sie liefert ebenfalls auch Erkenntnisse, die sich auch auf die Informationen in der Gewinn- und Verlustrechnung, der Kapitalflussrechnung, dem Anhang und dem Lagebericht beziehen. Häufig werden sogar weitere Quellen außerhalb des Jahresabschlusses »angezapft«, um noch mehr Erkenntnisse zu generieren.

In diesem Kapitel werden zunächst grundlegende Themen der Bilanzanalyse behandelt. Die eigentlichen Analysemethoden werden später in diesem Teil in eigenen Kapiteln behandelt.

Zunächst werden wir uns mit den Anwendungsgebieten der Bilanzanalyse beschäftigen und die verschiedenen Varianten vorstellen. Anschließend wird auf den wichtigen Aspekt des Vergleichs im Rahmen der Bilanzanalyse eingegangen. Danach wird der grundsätzliche Ablauf einer Analyse beschrieben. Auch auf die zukunftsorientierte Bilanzanalyse wird näher eingegangen. Ein Abschnitt über die Grenzen der Bilanzanalyse rundet dieses Kapitel ab.

8.1 Einsatzgebiete der Bilanzanalyse

Es gibt eine Vielzahl von Gründen, warum Unternehmen und ihre Bilanzen analysiert werden. Die Anwendungsbereiche der Bilanzanalyse sind sehr vielfältig. Sie lassen sich in vier große Gruppen einteilen:

- Analyse aus Investorensicht
- Analyse der Kreditwürdigkeit
- Analyse der Stabilität eines Geschäftspartners
- Analyse für interne Zwecke

8.1.1 Analyse aus Investorensicht

Potenzielle und bestehende Investoren für ein Unternehmen wollen eine sichere und möglichst rentable Investition in das Unternehmen tätigen. Vor einer Investition wird sich ein potenzieller Investor daher umfassend über das Unternehmen und seine Geschichte informieren.

Dabei interessiert ihn vor allem, wie lukrativ Investitionen in der Vergangenheit waren und welche Aussichten das Unternehmen für eine lukrative Investition in der Zukunft bietet. Ein Investor wird sich also vor allem für die Sicht des Eigenkapitalgebers interessieren und welche Effekte und Renditen dieser in der Zukunft erwartet, aber auch für das mit einer Investition verbundene Risiko.

Dies gilt auch für die bestehenden Eigenkapitalgeber des Unternehmens. Sie wollen die gleichen Fragen beantwortet haben, sind aber bereits im Unternehmen investiert. Je nach Rechtsform und Liquidität der Anteile kann eine Investition auch eine enge Bindung bedeuten, aus der man sich nur mit erheblichem Aufwand und entsprechenden Verlusten lösen kann.

Für Eigenkapitalgeber ist die Bilanzanalyse immer auch der Einstieg in die Bewertung ihres Unternehmens. Mithilfe der aus der Analyse gewonnenen Erkenntnisse kann die zukünftige Entwicklung des Unternehmens prognostiziert werden. Auf der Basis einer so entwickelten Finanzprognose können dann verschiedene Bewertungsmethoden zur Ermittlung des inneren Werts des Unternehmens angewendet werden.

Ziel der Unternehmensbewertung ist es, den »inneren Wert« des Eigenkapitals eines Unternehmens zu ermitteln. Dabei steht die Zukunft des Unternehmens im Mittelpunkt des Interesses. Eine umfassende Unternehmensbewertung basiert daher immer auf einer umfassenden finanziellen Zukunftsplanung. Der Ausgangspunkt einer solchen Planung ist daher immer die Analyse der

Vergangenheit des Unternehmens. Auch wenn aus der Vergangenheit niemals auf die Zukunft geschlossen werden kann, so bieten die Erkenntnisse aus der historischen Bilanzanalyse doch einige Ansatzpunkte, um eine eigenständige Prognose für die Zukunft des Unternehmens entwickeln zu können.

Eine der bekanntesten Methoden zur Unternehmensbewertung ist die Discounted Cashflow (DCF) Methode. Sie ähnelt stark dem Kapitalwertverfahren, das wir bereits in *Kapitel 3* behandelt haben.

8.1.2 Analyse der Kreditwürdigkeit

Eine wesentliche Anwendung der Bilanzanalyse ist die Bestimmung der Kreditwürdigkeit eines Unternehmens. Sowohl finanzierende Banken als auch Lieferanten interessieren sich dafür, wie gut ein Unternehmen in der Zukunft seinen finanziellen Verpflichtungen nachkommen kann und wie hoch das Risiko eines Zahlungsausfalls ist. Die Methoden der Bilanzanalyse geben zahlreiche Hinweise auf das finanzielle Risiko eines Unternehmens.

Darüber hinaus werden viele Unternehmen von Ratingagenturen beobachtet und einem Rating unterzogen. Das Ziel der Ratingberichte ist es, neuen Partnern des Unternehmens einen unabhängigen Blick auf das Unternehmen und seine wirtschaftliche Situation zu ermöglichen. Die Rating-Agenturen wenden dabei vor allem Methoden an, die auf die Beurteilung der finanziellen Stabilität ausgerichtet sind. Sie vertreten in erster Linie die Sicht der Gläubiger eines Unternehmens und wollen eine Aussage darüber treffen, wie wahrscheinlich es ist, dass ein Unternehmen seinen Zahlungsverpflichtungen nicht nachkommen kann.

8.1.3 Analyse der Stabilität eines Geschäftspartners

Grundsätzlich haben alle Partner des Unternehmens ein Interesse an Stabilität. Kunden, Mitarbeiter, Kooperationspartner und auch Lieferanten wollen eine möglichst langfristige und stabile Beziehung zum Unternehmen aufbauen und erhalten. Dabei ist es von Interesse, mehr über die wirtschaftliche Situation eines wichtigen Partners zu erfahren.

Mit den Methoden der Bilanzanalyse lässt sich herausfinden, wie die Zukunftsaussichten des Unternehmens sind und welche Einflüsse diese Entwicklung auf die Beziehung zum Unternehmen haben kann. Die Bilanzanalyse stellt somit eine wichtige Entscheidungsgrundlage dafür dar, ob ein Partner die Geschäftsbeziehung weiter ausbauen oder sich nach anderen Partnern umsehen möchte.

8.1.4 Analyse zu internen Zwecken

Aber auch das Unternehmen selbst wird seine eigenen Zahlen analysieren, um mit den daraus gewonnenen Erkenntnissen arbeiten zu können.

Die Unternehmensleitung interessiert sich z.B. für Verbesserungspotenziale. Die Analysemethoden können auch für einen Vergleich mit der Konkurrenz genutzt werden. So lassen sich Best Practices leicht identifizieren und ein Anspruchsniveau für zukünftige Verbesserungen formulieren. Auch im Bereich der Planung leistet die Bilanzanalyse wertvolle Dienste. Anhand von Trends und Kennzahlen kann eine mögliche zukünftige Entwicklung prognostiziert werden. Verbunden mit entsprechenden operativen Maßnahmen lassen sich daraus Ziele für das Unternehmen und seine Mitarbeiter ableiten.

8.2 Spielarten der Bilanzanalyse

Die Bilanzanalyse kann in drei Fokusbereiche unterteilt werden, die unterschiedliche Perspektiven einnehmen:

- Analyse der finanziellen Stabilität
- Analyse der Ertragslage
- strategische Bilanzanalyse

Die *Analyse der finanziellen Stabilität* beschäftigt sich in erster Linie mit der Bilanz und der Kapitalflussrechnung eines Unternehmens. Sie versucht, Aussagen über die Vermögenslage zu treffen. Darüber hinaus werden die Kapitalstruktur und die daraus resultierende Risikosituation der Finanzierung betrachtet. Außerdem gibt die finanzwirtschaftliche Bilanzanalyse Aufschluss über die Liquiditätssituation des Unternehmens.

Die *erfolgswirtschaftliche Analyse* konzentriert sich auf die Gewinn- und Verlustrechnung und die darin abgebildete Ertragslage des Unternehmens. Das wesentliche Erkenntnisziel ist es, die Herkunft des Ergebnisses zu identifizieren und Ansatzpunkte für die zukünftige Entwicklung des Unternehmens zu liefern.

Im Gegensatz zu den beiden anderen Bereichen ist die *strategische Bilanzanalyse* nicht ausschließlich vergangenheitsorientiert. Vielmehr wird hier versucht, Aussagen über das zukünftige Ertragspotenzial zu treffen. Daher umfasst die strategische Analyse auch Bereiche, die nicht auf dem Jahresabschluss aufbauen, sondern die Strategie, das Geschäftsmodell und die Wettbewerbssituation des Unternehmens in den Blick nehmen.

8.3 Benchmarking und interner Vergleich

Insbesondere der quantitative Teil der Bilanzanalyse bedient sich vor allem verschiedener Kennzahlen, die aus den Zahlen des Jahresabschlusses errechnet werden. Absolute Zahlen und auch Kennzahlen allein sind jedoch ohne konkrete Aussage. Es fehlt die Einordnung der Zahlen und Kennzahlen, um wirklich belastbare Aussagen treffen zu können.

Daher müssen die Analysen immer in Relation gesetzt werden, um eine Einordnung über die Qualität des Unternehmens zu ermöglichen. Dazu gibt es zwei grundsätzliche Wege, die auch miteinander kombiniert werden sollten:

- interner Vergleich
- externes Benchmarking

8.3.1 Interner Vergleich

Bei einem internen Vergleich werden die Analysen mit den Zahlen des gleichen Unternehmens verglichen. Dabei bieten sich vor allem zwei Vergleiche mit den eigenen Zahlen an:

Zum einen können die Kennzahlen für verschiedene Zeiträume berechnet werden. So lässt sich eine Entwicklung im Zeitablauf erkennen. Man sieht, ob sich das Unternehmen im Zeitablauf in wichtigen Kennzahlen verbessert oder verschlechtert hat oder ob es auf dem gleichen Niveau geblieben ist.

Aber auch ein interner Vergleich mit den Planungen des Unternehmens ist möglich. Im Rahmen der Unternehmenssteuerung entwickelt die Unternehmensleitung umfangreiche Pläne für die zukünftige Entwicklung des Unternehmens. Diese werden zusätzlich mit operativen Maßnahmen unterlegt, um die Erreichung der Planzahlen sicherzustellen. Im Rahmen einer Bilanzanalyse können so die tatsächlich erreichten Zahlen mit den ursprünglich geplanten Werten verglichen werden. Bei Abweichungen kann dann nach den Ursachen geforscht werden. Daraus lassen sich wiederum Erkenntnisse für zukünftige Planungsrunden und auch Maßnahmen ableiten. Das Unternehmen lernt aus der eigenen Leistung und kann sich so Jahr für Jahr weiter verbessern.

8.3.2 Externes Benchmarking

Beim externen Benchmarking werden die Analysen des Unternehmens in Relation zum Wettbewerb gesetzt. Dies kann entweder im direkten Vergleich mit einzelnen Wettbewerbern geschehen oder das Unternehmen wird in Relation zum Marktdurchschnitt bzw. zum jeweils besten Wettbewerber einer

Kennzahl gesetzt. Da vergleichbare Unternehmen ähnlichen Marktkräften und Entwicklungen ausgesetzt sind, lassen sich auf diese Weise sehr wertvolle Erkenntnisse gewinnen.

Das große Problem beim Benchmarking ist allerdings die Vergleichbarkeit der Unternehmen. Denn selbst Unternehmen der gleichen Branche sind in den seltensten Fällen vollständig vergleichbar. Es gibt Unterschiede im Angebotsportfolio, in der regionalen Aufstellung, in der Produktionsstruktur und in der Finanzierung. Jeder Unterschied schlägt sich in unterschiedlichen Zahlen nieder und reduziert die Aussagekraft des Benchmarkings.

Das Ergebnis eines Benchmarkings ist daher immer mit einer entsprechenden Interpretation zu betrachten. Darüber hinaus ist es hilfreich, die Unterschiede in der Aufstellung der einzelnen Unternehmen zu kennen und bei der Interpretation der Ergebnisse zu berücksichtigen.

8.4 Ablauf und Vorgehen bei der Bilanzanalyse

Die Bilanzanalyse erfolgt idealtypisch in vier Schritten:

1. Beschaffung der Quellen
2. Aufbereitung des Zahlenmaterials
3. Berechnung der Kennzahlen
4. Interpretation der Ergebnisse

8.4.1 Quellenbeschaffung

Die Hauptquelle für die Bilanzanalyse ist der Jahresabschluss eines Unternehmens. Er enthält alle wesentlichen Informationen, die zur Berechnung der verschiedenen Kennzahlen benötigt werden.

Bei Bedarf können aber auch andere Quellen herangezogen werden. So veröffentlichen insbesondere börsennotierte Unternehmen auch unterjährige Berichte. Diese werden quartalsweise oder halbjährlich veröffentlicht und sind vom Detaillierungsgrad weniger umfangreich als die Jahresberichte. Sie ermöglichen jedoch eine deutlich aktuellere Analyse. Darüber hinaus erlauben Berichte mit kürzeren Betrachtungszeiträumen auch bessere Aussagen über die Saisonalität des Unternehmens und seines Geschäfts.

Auch Branchenberichte von Verbänden oder spezialisierten Beratungsunternehmen können eine wertvolle Quelle sein, um die Ergebnisse der Bilanzanalyse zu ergänzen und zu verfeinern.

8.4.2 Aufbereitung des Zahlenmaterials

Gerade beim Vergleich eines Unternehmens mit seinen Wettbewerbern stellt sich das Problem der unterschiedlichen Rechnungslegungsvorschriften und deren Anwendung. Zudem nutzen viele Unternehmen die Möglichkeiten der Bilanzpolitik sehr unterschiedlich. Die Aufbereitung des Zahlenmaterials ist daher ein wichtiger Schritt in der Analyse, um die Aussagekraft zu erhöhen und bestehende Unterschiede möglichst zu minimieren.

Leider ist es fast nie möglich, alle bestehenden Unterschiede vollständig zu identifizieren und zu eliminieren. Bei der Bilanzanalyse muss daher eine gewisse Unschärfe des Zahlenmaterials und der Vergleichbarkeit in Kauf genommen werden.

Zu den wichtigen Bereinigungsschritten gehört die strukturelle Aufbereitung der Berichte zur besseren Vergleichbarkeit. Zudem wird das Ergebnis häufig in einen originär operativen Teil und außergewöhnliche Ergebniskomponenten, die nichts mit der eigentlichen Geschäftstätigkeit des Unternehmens zu tun haben, aufgeteilt. Die Aufbereitung erfordert viel Erfahrung und Wissen und ist daher ein sehr anspruchsvoller Analyseschritt.

8.4.3 Berechnung der Kennzahlen

Nach der Aufbereitung des Jahresabschlusses kann mit der Berechnung der verschiedenen Kennzahlen fortgefahren werden. Um die Berechnung zu vereinfachen und den Aufwand zu reduzieren, werden in der Regel Tabellenkalkulationsprogramme verwendet, in denen eine Vielzahl von Kennzahlen berechnet und direkt dargestellt und verglichen werden können.

Wir werden auf die Berechnung verschiedenster Kennzahlen der Bilanzanalyse in den kommenden zwei Kapiteln eingehen.

8.4.4 Interpretation der Ergebnisse

Die Interpretation der Analyseergebnisse erfordert ebenfalls viel Erfahrung und Wissen. Eine Kennzahl kann sich aus vielen Gründen in eine bestimmte Richtung entwickelt haben. Daher ist es oft notwendig, verschiedene Kennzahlen miteinander zu kombinieren, um Hypothesen für die Interpretation zu gewinnen und sich ein eigenes Bild von der Situation des Unternehmens machen zu können.

Es liegt in der Natur der Sache, dass man gerade bei der Betrachtung von außen mit seinen abgeleiteten Erkenntnissen nicht immer richtig liegen wird. Ein Bild des Unternehmens ergibt sich ohnehin nicht nur aus einzelnen Kennzahlen, sondern immer aus der Kombination vieler Einzelerkenntnisse und Erfahrungen.

8.5 Vorausschauende Bilanzanalyse

Die Bilanzanalyse hat ein entscheidendes Problem: Sie bezieht sich fast ausschließlich auf historische Zahlen des untersuchten Unternehmens. Diese Zahlen sind zudem in der Regel erst Monate nach Ende der betrachteten Periode verfügbar.

Aufgrund dieser langen Zeitspanne zwischen dem Ende der Berichtsperiode und der Veröffentlichung der darauf basierenden Abschlüsse ist es schwierig, Aussagen über die aktuelle Situation eines Unternehmens zu treffen. Hinzu kommt, dass der quantitativen Bilanzanalyse eine zukunftsgerichtete Perspektive gänzlich fehlt. Insbesondere unter Investoren werden daher große Anstrengungen unternommen, um eine zukunftsgerichtete Planung zu ermöglichen.

Zahlreiche Analysten beobachten insbesondere die großen börsennotierten Unternehmen und erstellen regelmäßig Analyseberichte, in denen sie auch ihre Prognosezahlen über das Unternehmen kommunizieren.

Aber auch andere Adressaten können ihr Verständnis für ein Unternehmen stärken, wenn sie selbst mit Prognosemodellen arbeiten und mit deren Hilfe eine mögliche zukünftige Entwicklung des Unternehmens skizzieren.

Natürlich sind Planzahlen nie völlig belastbar, aber gerade mithilfe statistischer Methoden und durch die Entwicklung von Treibermodellen kann zumindest eine Bandbreite möglicher zukünftiger Ergebnisse eines Unternehmens ermittelt werden.

Dabei geht es nicht darum, eine absolut belastbare Grundlage für Entscheidungen zu erhalten, sondern vielmehr darum, die möglichen Bandbreiten der Ergebnisse auszuloten und eine Diskussionsgrundlage zu schaffen. Diese Planungsmodelle erlauben auch die Berechnung von Sensitivitäten. So kann ermittelt werden, wie sich die Ergebnissituation des Unternehmens verändert, wenn zentrale Annahmen, wie z.B. die Wachstumsrate des Umsatzes, variiert werden.

8.6 Grenzen der Bilanzanalyse

Mithilfe der Bilanzanalyse kann ein deutlich besseres Verständnis für ein Unternehmen entwickelt werden. Durch die intensive Beschäftigung mit dem Zahlenmaterial des Unternehmens steigt das Verständnis automatisch.

Zudem können durch die Kombination verschiedener Kennzahlen und den Vergleich mit relevanten Wettbewerbern neue Einsichten gewonnen werden, die ohne Bilanzanalyse nicht möglich wären. Dennoch sind der Bilanzanalyse zahlreiche Grenzen gesetzt, die den möglichen Erkenntnisgewinn deutlich einschränken.

Das wohl größte Hindernis für eine umfassende Analyse ist die Datenverfügbarkeit. Insbesondere für kleinere Unternehmen gelten einige Erleichterungen, die den Umfang der zu veröffentlichenden Daten stark einschränken. Auch in Abhängigkeit von der Rechtsform eines Unternehmens gibt es umfangreiche Erleichterungen. Dies hat zur Folge, dass die Analyse solcher Unternehmen stark eingeschränkt ist und viele Kennzahlen mangels Daten gar nicht berechnet werden können.

Hinzu kommt der oft große zeitliche Abstand zwischen dem Ende der betrachteten Berichtsperiode und der Veröffentlichung des Jahresabschlusses. Selbst börsennotierte Unternehmen haben vier Monate nach Ende der Berichtsperiode Zeit, ihren Jahresabschluss zu erstellen und zu veröffentlichen. Nicht-börsennotierte Unternehmen haben sogar 12 Monate Zeit. Sind seit dem Ende des Geschäftsjahres bereits einige Monate vergangen, kann eine Analyse auf der Basis von teilweise veralteten Zahlen keine bahnbrechenden Erkenntnisse liefern. Das betrachtete Unternehmen kann in der Zwischenzeit ein ganz anderes Erscheinungsbild und eine ganz andere wirtschaftliche Lage aufweisen, als es die aktuellen Zahlen vermuten lassen.

Die Möglichkeiten der Bilanzpolitik unterliegen zwar auch gewissen Grenzen, führen aber dennoch dazu, dass die Qualität der gewonnenen Erkenntnisse durch die durchgeführten Maßnahmen leidet. Zwar sind die Unternehmen teilweise verpflichtet, die angewandten Maßnahmen im Rahmen des Anhangs zu erläutern, dennoch bleiben viele bilanzpolitische Maßnahmen im Verborgenen bzw. lassen sich mangels detaillierter Informationen über die Auswirkungen nicht aus dem vorliegenden Zahlenmaterial ableiten.

Zudem können Unternehmen derselben Branche nach unterschiedlichen Rechnungslegungsvorschriften bilanzieren. Während ein Unternehmen seinen Konzernabschluss nach HGB erstellt, wählt ein Wettbewerber die Rechnungslegung nach IFRS (siehe auch *Kapitel 1*). Die unterschiedlichen Vorschriften führen zu einer stark eingeschränkten Vergleichbarkeit. Die Vorschriften des HGB sind deutlich konservativer als die der IFRS.

Auch wenn umfangreiche Daten zur Berechnung zahlreicher Kennzahlen zu den unterschiedlichsten Aspekten zur Verfügung stehen, kann es zu einer Informationsüberlastung kommen. Kennzahlenfriedhöfe verstellen den Blick auf zentrale Aspekte der Unternehmensleistung. Obwohl umfangreiche Daten zur Verfügung stehen, leidet der Erkenntnisgewinn durch die fehlende Fokussierung auf die zentralen Aspekte.

Auch die Form der Darstellung der Erkenntnisse kann die Qualität der Erkenntnisse aus der Bilanzanalyse einschränken. Tabellen mit Zahlen über Zahlen sind deutlich schwieriger zu interpretieren als eine grafische Darstellung der Entwicklung. Die Entwicklung einer Kennzahl über fünf Jahre in Form einer Grafik verdeutlicht das Ausmaß der Veränderung wesentlich eingängiger und erleichtert die Interpretation der Ergebnisse erheblich.

Die Zahlen des Jahresabschlusses und damit auch die Aussagen, die sich aus den Kennzahlen ableiten lassen, sind immer vergangenheitsbezogen. Lediglich der Lagebericht enthält in Form des Chancen-, Risiko- und Prognoseberichts geringe zukunftsbezogene Elemente. Damit einher geht das Problem, dass aus der Vergangenheit nur mit geringer Verlässlichkeit eine Prognose für die Zukunft abgeleitet werden kann. Es gibt einfach keine Ursache-Wirkungs-Zusammenhänge.

Gerade bei der quantitativen Analyse des Jahresabschlusses fehlen qualitative Elemente völlig. Aussagen über das Geschäftsmodell, die Strategie eines Unternehmens und den Einfluss von Markttrends lassen sich nicht mithilfe von Kennzahlen ermitteln. Eine strategische Bilanzanalyse sollte daher immer mit einer eher quantitativen Bilanzanalyse kombiniert werden, um ein vollständiges Bild der Situation eines Unternehmens zu erhalten.

Selbst die umfangreichsten quantitativen Daten in den Jahresabschlüssen großer Unternehmen weisen Lücken auf. So finden sich in den Jahresabschlüssen keine Angaben zu eventuell vorhandenen Kreditreserven, die zur Liquiditätssicherung eingesetzt werden können. Ebenso fehlen Angaben über die Werthaltigkeit selbst erstellter immaterieller Vermögenswerte, die nicht im Anlagevermögen ausgewiesen werden dürfen. Der Wert des Kundenstamms oder

der eigenen Marke sind zentrale Vermögenswerte, aus denen sich auch das zukünftige Geschäftspotenzial vieler Unternehmen ableitet. Auch Angaben über die Höhe des Auftragsbestandes oder des Auftragseingangs fehlen häufig in den Jahresabschlüssen der Unternehmen.

Durch die Berechnung von Kennzahlen können Informationen gewonnen werden, die nicht direkt aus der Bilanz, der Gewinn- und Verlustrechnung oder der Kapitalflussrechnung ablesbar sind. Gleichzeitig geht mit der Verdichtung von Informationen zu einzelnen Kennzahlen auch ein Informationsverlust einher. Kennzahlen vereinfachen und verdichten komplexe Zusammenhänge. Die Interpretation der Entwicklung von Kennzahlen erfordert daher viel Erfahrung und Sachverstand, um nicht falsche Schlüsse aus der Entwicklung zu ziehen.

Die zentralen Aussagen des Kapitels

- Die Bilanzanalyse ist ein Instrument, das es den Adressaten des Jahresabschlusses ermöglicht, aus den darin enthaltenen Informationen weitere Erkenntnisse zu gewinnen.
- Die Einsatzgebiete sind sehr vielfältig und können den Interessen von Investoren, Kreditgebern, Geschäftspartnern und der Unternehmensleitung dienen.
- Die Bilanzanalyse lässt sich weiter unterteilen in die Analyse der finanziellen Stabilität des Unternehmens, die Analyse der Ertragslage und die strategische Analyse des Unternehmens.
- Die in der Bilanzanalyse verwendeten Kennzahlen sind isoliert betrachtet meist wenig aussagekräftig, sondern bedürfen zur besseren Interpretation eines Vergleichs, der intern mit dem Unternehmen selbst oder mit vergleichbaren externen Unternehmen als Benchmarking durchgeführt werden kann.
- Die Durchführung der Bilanzanalyse gliedert sich in vier Schritte: 1. die Beschaffung der notwendigen Informationen aus verschiedenen Quellen, 2. die Aufbereitung der Informationen zur besseren Vergleichbarkeit, 3. die Berechnung der Kennzahlen und 4. die Interpretation der Ergebnisse.
- Die Bilanzanalyse ist standardmäßig nur vergangenheitsorientiert und sollte durch eine zukunftsorientierte Planungsrechnung ergänzt werden, um zukünftige Entwicklungsszenarien zu berücksichtigen.

- Der Bilanzanalyse sind einige Grenzen gesetzt, die den Erkenntnisgewinn schmälern. Das mit Abstand größte Hindernis für vertiefte Erkenntnisse ist die mangelnde Verfügbarkeit von aussagekräftigem und detailliertem Datenmaterial.

Kapitel 9

Beurteilung der finanziellen Stabilität

Wenden wir uns nun dem ersten Bereich der Bilanzanalyse zu. Die Analyse der finanziellen Stabilität konzentriert sich auf die Bilanz und die Kapitalflussrechnung. Erkenntnisziel ist es, Aussagen über die solide Finanzierung des Unternehmens zu erhalten. Zur besseren Übersicht wird die Analyse der finanziellen Stabilität in drei Teilbereiche unterteilt:

- Analyse der Vermögensstruktur
- Analyse der Kapitalstruktur
- Analyse der Liquidität

9.1 Analyse der Vermögensstruktur/ Investitionsanalyse

Im Rahmen der Analyse der finanziellen Stabilität eines Unternehmens wollen wir uns zunächst der Analyse der Vermögensstruktur zuwenden. Dieser Teilbereich der Bilanzanalyse wird auch als »Investitionsanalyse« bezeichnet. Sie konzentriert sich auf die Aktivseite der Bilanz.

Es geht also darum zu verstehen, wie das Unternehmen das ihm zur Verfügung stehende Kapital in Vermögenswerte investiert hat. Der Fokus liegt auf der Mittelverwendung, mit der wir uns bereits im *Kapitel 3 »Die Bilanz verstehen«* beschäftigt haben. Bei der Investitionsanalyse interessieren uns vor allem folgende Fragen:

- Wie schnell kann das Vermögen des Unternehmens in liquide Mittel umgewandelt werden?
- In welchem Zustand befindet sich das Anlagevermögen?
- Wie aktiv ist das Unternehmen bei seinen Investitionen?

Zu diesem Zweck werden Sie eine Reihe von Kennzahlen kennenlernen, die in ihrer Gesamtheit die Beantwortung dieser Fragen ermöglichen. Dies setzt allerdings ein gewisses Maß an Erfahrung voraus. Hilfreich sind auch Kenntnisse über die Branche des Unternehmens, dessen Struktur und die relevanten Wettbewerber.

9.1.1 Anlagenintensität

Die Anlagenintensität, auch Anlagenquote genannt, ist die erste Kennzahl der Vermögensanalyse. Sie setzt das Anlagevermögen des Unternehmens ins Verhältnis zum Gesamtvermögen bzw. zur Bilanzsumme. Beide Werte finden sich in der Bilanz des Unternehmens.

$$\text{Anlagenintensität} = \frac{\text{Anlagevermögen}}{\text{Gesamtvermögen}}$$

Eine hohe Anlagenintensität ist gleichbedeutend mit einem sehr anlagenintensiven Unternehmen. Da das Anlagevermögen dem Unternehmen langfristig dient, kann es bei einer hohen Anlagenintensität nur langsam und mit großem Aufwand in liquide Mittel umgewandelt werden. Der Verkauf von Großmaschinen ist zeitaufwendig und oft nur mit erheblichen Abschlägen möglich. Bei Spezialmaschinen oder individuell gefertigten Maschinen findet sich oft gar kein Käufer.

Natürlich hängt die Anlagenintensität auch stark vom Geschäftsmodell des Unternehmens und seiner Branche ab. Bei einem produzierenden Unternehmen gehört eine gewisse Anlagenintensität zum Geschäftsmodell. Bei einem Dienstleistungsunternehmen ist dagegen eher eine geringere Anlagenintensität zu erwarten.

Auffällig ist eine niedrige Anlagenintensität bei einem Unternehmen, bei dem man aufgrund seines Geschäftsmodells normalerweise einen höheren Wert erwarten würde. Hier kann eine niedrige Quote darauf hindeuten, dass die vorhandenen Anlagen bereits stark abgeschrieben sind und somit ein gewisses Alter erreicht haben. Es könnte darauf hindeuten, dass das betreffende Unternehmen an Investitionen spart. Es wird nicht in Ersatz und Erweiterung des Anlagenparks investiert. Dies könnte sich in der Zukunft rächen, da das Unternehmen dann nicht mehr zu wettbewerbsfähigen Kosten produzieren kann.

Eine niedrige Anlagenintensität kann aber auch auf eine sehr effiziente Nutzung der vorhandenen Anlagen hindeuten. Es lohnt sich daher, auch die Ertragslage des Unternehmens in die Interpretation einzubeziehen.

Beispiel

Ein Unternehmen mit einem Anlagevermögen von 26,7 Mio. Euro und einem Gesamtkapital von 132,8 Mio. Euro hat eine Anlagenintensität von 20,1%:

$$\text{Anlagenintensität} = \frac{26{,}7}{132{,}8} \approx 20{,}1\%$$

9.1.2 Umlaufintensität

Die Umlaufintensität ist das Gegenstück zur soeben diskutierten Investitionsquote. Sie wird auch als »Arbeitsintensität« bezeichnet. Diese Kennzahl setzt das Umlaufvermögen des Unternehmens ins Verhältnis zum Gesamtvermögen. Beide Werte können ebenfalls der Bilanz des Unternehmens entnommen werden.

$$\text{Umlaufintensität} = \frac{\text{Umlaufvermögen}}{\text{Gesamtvermögen}}$$

Eine hohe Umlaufintensität ist zunächst ein gutes Zeichen. Denn sie zeigt, dass ein großer Teil des Gesamtvermögens aus kurzfristigem Umlaufvermögen besteht. Dieses dient dem Unternehmen voraussichtlich weniger als ein Jahr. Es hat also das Potenzial, schnell zu Geld gemacht zu werden. Dadurch ist es sehr flexibel und kann sich schnell an Marktveränderungen anpassen.

Eine hohe Arbeitsintensität ist aber nicht unbedingt immer ein positives Zeichen. Sie kann auch darauf hindeuten, dass ein Unternehmen Probleme hat. Die Lagerbestände des Unternehmens können veraltet oder aus anderen Gründen nicht absetzbar sein. Das Unternehmen kann sich bei der Planung geirrt haben und zu viel Material eingekauft haben, das nicht mehr verwendet werden kann. Außerdem kann es Probleme mit den Forderungen des Unternehmens geben. Diese können uneinbringlich sein, weil Kunden zahlungsunfähig geworden oder aus anderen Gründen in die Insolvenz gerutscht sind.

Daher sollte auch die Entwicklung der Umlaufintensität über die letzten Jahre betrachtet werden. Steigt diese Kennzahl, kann dies ein Hinweis auf Probleme des Unternehmens sein. Die Gefahr existenzieller Probleme steigt, da kurzfristige Vermögenswerte nicht mehr in Liquidität umgewandelt werden können. Das Unternehmen könnte selbst in die Zahlungsunfähigkeit rutschen, weil die kurzfristigen Vermögensbestandteile kein Kapital freisetzen.

Beispiel

Die Umlaufintensität für ein Unternehmen mit einem Umlaufvermögen von 480.000 Euro und einer Bilanzsumme (Gesamtkapital) von 1.382.000 Euro berechnet sich wie folgt:

$$\text{Umlaufintensität} = \frac{480.000}{1.382.000} \approx 34{,}7\%$$

9.1.3 Investitionsquote

Ein weiterer Bereich von Interesse ist die Investitionstätigkeit des Unternehmens. Für den Adressaten des Jahresabschlusses ist es wichtig zu verstehen, wie aktiv ein Unternehmen in die Erhaltung und auch in die Erweiterung seines Anlagevermögens investiert.

Die Investitionsquote setzt die Nettoinvestitionen des Unternehmens ins Verhältnis zum Anlagevermögen, bewertet zu historischen Anschaffungs- und Herstellungskosten.

$$\text{Investitionsquote} = \frac{\text{Nettoinvestitionen}}{\text{Anlagevermögen}}$$

Beide Zahlen können nicht direkt aus den Kernberichten des Jahresabschlusses entnommen werden. Die Nettoinvestitionen müssen zunächst berechnet werden. Dazu werden die Investitionen aus der Kapitalflussrechnung entnommen und die Einzahlungen aus dem Verkauf von Anlagevermögen abgezogen.

Das Anlagevermögen zu historischen Anschaffungs- und Herstellungskosten ist dem Anlagenspiegel zu entnehmen. In der Bilanz wird das Anlagevermögen zum Buchwert bewertet. Dieser entspricht den historischen Anschaffungs- und Herstellungskosten abzüglich der bis zu diesem Zeitpunkt aufgelaufenen kumulierten Abschreibungen des Anlagevermögens.

Die Investitionsquote gibt an, welcher Anteil des Anlagevermögens jährlich erneuert wird. Sie zeigt damit, wie aktiv ein Unternehmen in seiner Investitionstätigkeit ist.

Interessant für die Interpretation der Kennzahl ist auch die Entwicklung über die letzten Jahre hinweg. Eine hohe Investitionsquote ist grundsätzlich ein gutes Zeichen. Das Unternehmen investiert in die Modernisierung seiner Anlagen und baut unter Umständen seine Kapazitäten aus. Es geht davon aus, dass sich diese Investitionen in Zukunft durch das Geschäft amortisieren.

Allerdings muss das Unternehmen auch in der Lage sein, die Investitionen zu finanzieren. Eine niedrige Investitionsquote ist kurzfristig nicht unbedingt problematisch. Gerade bei kleinen Unternehmen kommt es häufig zu Schwankungen in der Investitionstätigkeit. Eine langfristig niedrige Investitionsquote kann jedoch darauf hindeuten, dass das Unternehmen an Investitionen in die eigene Zukunftsfähigkeit spart, um die Liquiditätsbelastung gering zu halten. Der Maschinenpark veraltet mit der Zeit und wird nicht schnell genug erneuert.

Beispiel

Ein Unternehmen investiert netto 6,7 Mio. Euro und hat ein Anlagevermögen von 34,5 Mio. Euro. Die Investitionsquote dieses Unternehmens berechnet sich wie folgt:

$$\text{Investitionsquote} = \frac{6{,}7}{34{,}5} \approx 19{,}4\%$$

9.1.4 Wachstumsquote

Für den Bilanzleser ist es auch interessant zu wissen, ob ein Unternehmen in erster Linie seine Anlagen erneuert oder sogar in die Erweiterung seiner Kapazitäten und Möglichkeiten investiert. Zu diesem Zweck lohnt es sich, die Wachstumsquote des Unternehmens zu berechnen:

$$\text{Wachstumsquote} = \frac{\text{Nettoinvestitionen}}{\text{Abschreibungen}}$$

Die Wachstumsquote setzt die Nettoinvestitionen ins Verhältnis zu den Abschreibungen der gleichen Periode. Unter der Annahme konstanter Preise für den Erwerb von Anlagegütern und einer konstanten Investitionstätigkeit sind Investitionen und Abschreibungen gleich groß. Dies liegt daran, dass sich beide Größen über die Verteilung der Investitionen auf die Nutzungsdauer annähern.

Aus diesem Grund ist eine Wachstumsrate größer als 1 bzw. 100% gleichbedeutend mit einer Kapazitätserweiterung des Unternehmens. Es wird mehr investiert, als das Unternehmen an Anlagevermögen abschreibt. Das gesamte Anlagevermögen wächst.

Dementsprechend bedeutet eine Wachstumsrate unter 1 bzw. unter 100%, dass das Unternehmen Kapazitäten abbaut und nicht einmal veraltetes und abgeschriebenes Anlagevermögen ersetzt. Eine stabile Wachstumsrate ist daher gleichbedeutend mit der Erhaltung der Kapazitäten. Es werden nur die Anlagen ersetzt, die das Ende ihrer wirtschaftlichen Nutzungsdauer erreicht haben. Die Kapazitäten des Unternehmens bleiben stabil.

Die Interpretation der Wachstumsquote sollte immer im Zusammenhang mit den weiteren Erkenntnissen aus der Bilanzanalyse erfolgen. Was sind die Gründe für die Wachstumsrate? Sieht das Unternehmen ein hohes Geschäftspotenzial in neuen Bereichen und Regionen und investiert deshalb überproportional in den Ausbau seiner Kapazitäten? Oder baut es eigene Kapazitäten ab, weil es sich flexibler aufstellen will, und in Zukunft verstärkt auf externe Produktionspartner setzt und weniger eigene Kapazitäten benötigt?

Beispiel

Bei Nettoinvestitionen von 12,2 Mio. Euro und Abschreibungen von 8,7 Mio. Euro ergibt sich folgende Wachstumsquote:

$$\text{Wachstumsquote} = \frac{12{,}2}{8{,}7} \approx 140{,}2\%$$

9.1.5 Investitionsanteil am Umsatz

Weitere Informationen über die Investitionen eines Unternehmens erhält man, wenn man die Nettoinvestitionen ins Verhältnis zum Umsatz setzt:

$$\text{Investitionsanteil am Umsatz} = \frac{\text{Nettoinvestitionen}}{\text{Umsatz}}$$

In der Regel gehen Umsatzentwicklung und Investitionen eines Unternehmens Hand in Hand. Aus den Investitionen entstehen Möglichkeiten zur Leistungserstellung und damit Umsatz. Gleichzeitig wird ein Teil des Umsatzes reinvestiert, um die vorhandenen Kapazitäten zumindest auf dem aktuellen Stand zu halten. Ein Unternehmen wird also in der Regel einen gewissen Anteil seines Umsatzes in sein Anlagevermögen investieren. Der Anteil der Investitionen am Umsatz verdeutlicht diesen Zusammenhang.

Betrachtet man ihn über einen längeren Zeitraum, erhält man auch ein Gefühl dafür, wie sich der Geschäftsverlauf und die Investitionstätigkeit des Unternehmens entwickeln.

Für Unternehmen in stark saisonal geprägten Branchen, aber auch im Verlauf der gesamtwirtschaftlichen Zyklen liefert der Anteil der Investitionen am Umsatz weitere Erkenntnisse. Er zeigt, wie stark ein Unternehmen seine Investitionstätigkeit an den zyklischen Umsatz anpasst. Bewegt sich die Investitionsquote trotz saisonalem Geschäft oder gesamtwirtschaftlichem Abschwung in einem engen, konstanten Bereich, so passt das Unternehmen seine Investitionen der wirtschaftlichen Entwicklung an und reagiert flexibel auf die wirtschaftliche Lage.

Eine schwankende Kennzahl bei absolut konstanten Nettoinvestitionen deutet dagegen eher auf ein stabiles und langfristig ausgerichtetes Investitionsprogramm des Unternehmens hin. Das Unternehmen investiert unabhängig von der aktuellen Wirtschaftslage und verfolgt eine langfristige Investitionsstrategie. Natürlich muss sich ein Unternehmen eine solch stabile Investitionstätigkeit auch leisten können und die notwendigen Investitionen unabhängig von der konjunkturellen Lage finanzieren können.

Beispiel

Ein Unternehmen hat Nettoinvestitionen von 3,6 Mio. Euro und einen Umsatz von 122,7 Mio. Euro. Sein Investitionsanteil vom Umsatz beträgt somit 2,9%:

$$\text{Investitionsanteil am Umsatz} = \frac{3{,}6}{122{,}7} \approx 2{,}9\%$$

9.1.6 Anlagenabnutzungsgrad

Bei der Analyse der Vermögensstruktur des Unternehmens ist auch das Alter des Anlagevermögens von Interesse. Kann das Unternehmen auf moderne und neue Maschinen zurückgreifen und somit effizient produzieren? Oder ist der Maschinenpark veraltet und bedarf umfangreicher Wartung und Instandhaltung? Eine Antwort auf diese Frage liefert der Anlagenabnutzungsgrad:

$$\text{Anlagenabnutzungsgrad} = \frac{\text{kum. Abschr. auf Sachanlagen}}{\text{Sachanlagen zu AHK}}$$

Die Daten zur Berechnung des Anlagenabnutzungsverhältnisses finden sich im Anlagenspiegel des Jahresabschlusses. Die kumulierten Abschreibungen auf das Sachanlagevermögen geben die Summe der Abschreibungen an, die auf das Sachanlagevermögen seit der Zugehörigkeit zum Unternehmen angefallen sind.

Es werden also nicht nur die Abschreibungen des laufenden Geschäftsjahres verwendet, sondern alle Abschreibungen, die jemals auf die vorhandenen Sachanlagen vorgenommen wurden. Diese kumulierten Abschreibungen werden ins Verhältnis zum Sachanlagevermögen zu historischen Anschaffungs- und Herstellungskosten gesetzt.

Die Kennzahl vermittelt somit einen Eindruck vom Alter des Sachanlagevermögens. Sie gibt an, zu welchem Prozentsatz das Sachanlagevermögen bereits abgeschrieben ist. Ein hoher Abnutzungsgrad deutet darauf hin, dass das Sachanlagevermögen des Unternehmens älter ist. Er kann auf einen Investitionsstau im Unternehmen hinweisen. Das Unternehmen wird in Zukunft überproportional viel Geld in die Hand nehmen müssen, um den vorhandenen veralteten Anlagenbestand auf einen modernen Stand zu bringen. Entsprechende Belastungen des Cashflows des Unternehmens sind daher in der Zukunft zu erwarten.

Gleichzeitig müssen diese zukünftigen Investitionen auch finanziert werden. Es lohnt sich daher, einen Blick auf die Liquiditätsausstattung des Unternehmens zu werfen und seine Bonität zu beurteilen. Kann das Unternehmen ausreichend Kapital aufnehmen, um die notwendigen Investitionen zu tätigen?

Ein hoher Anlagenabnutzungsgrad deutet auch darauf hin, dass bewusst an Investitionen gespart wurde, um den Cashflow des Unternehmens zu stützen. Dies geht zu Lasten des zukünftigen Ertragspotenzials.

Der Anlagenabnutzungsgrad sollte unbedingt im Vergleich zu relevanten Wettbewerbern aus der gleichen Branche betrachtet werden. Haben die Wettbewerber ein ähnliches Anlagenalter? Liegt der Anlagenabnutzungsgrad im branchenüblichen Rahmen? Nur ein Vergleich mit ähnlichen Unternehmen kann hier Klarheit bringen und eine Einordnung ermöglichen.

Beispiel

Die kumulierten Abschreibungen eines Unternehmens betragen 48,3 Mio. Euro und die ursprünglichen Anschaffungs- und Herstellungskosten des Sachanlagevermögens liegen bei 147,6 Mio. Euro. Somit errechnet sich der Anlagenabnutzungsgrad wie folgt:

$$\text{Anlagenabnutzungsgrad} = \frac{48{,}3}{147{,}6} \approx 32{,}7\%$$

9.1.7 Abschreibungsquote

Die Investitionstätigkeit eines Unternehmens ist zentral für den langfristigen Erfolg und sollte daher umfassend analysiert und verstanden werden. Die Abschreibungsquote setzt die Abschreibungen des aktuellen Geschäftsjahres ins Verhältnis zu den Sachanlagen zu historischen Anschaffungs- und Herstellungskosten.

$$\text{Abschreibungsquote} = \frac{\text{Abschreibungen akt. GF}}{\text{Sachanlagen zu AHK}}$$

Beide Angaben können dem Anlagenspiegel entnommen werden.

Die Abschreibungsquote gibt somit an, welcher Anteil des gesamten Anlagevermögens in einem Jahr abgeschrieben wird. Sie gibt somit Aufschluss über die durchschnittliche Nutzungsdauer, die ein Unternehmen für seine Sachanlagen annimmt. Eine Abschreibungsquote von 10 % deutet beispielsweise auf eine durchschnittliche Nutzungsdauer von 10 Jahren hin.

Ein hoher Abschreibungssatz ergibt sich, wenn ein Unternehmen eine kurze Nutzungsdauer für seine Sachanlagen annimmt. Dies wiederum ist gleichbedeutend mit einem jungen Anlagenbestand. Denn nur Anlagen mit einem Restbuchwert werden überhaupt noch abgeschrieben.

Hier lohnt sich ein Blick in den Anhang des Jahresabschlusses und die Angaben zu den angenommenen Nutzungsdauern. Hält sich das Unternehmen auch im handelsrechtlichen Abschluss an die steuerlichen Vorgaben der amtlichen Abschreibungstabellen zu den Nutzungsdauern? Oder weicht es in seinen handelsrechtlichen Abschreibungen von den steuerlichen Vorgaben ab?

Sofern steuerliche und handelsrechtliche Nutzungsdauern identisch sind und eine hohe Abschreibungsquote vorliegt, setzt das Unternehmen überwiegend Anlagen mit einer geringen Lebenserwartung ein.

Weicht das Unternehmen jedoch in seinen handelsrechtlichen Nutzungsdauern von den Vorgaben der steuerlichen AfA-Tabellen ab, kann eine hohe Abschreibungsquote ein Indiz für bilanzpolitische Maßnahmen sein. Denn in diesem Fall wählt das Unternehmen bewusst zu kurze Nutzungsdauern, um seine Sachanlagen übermäßig abzuschreiben. Dadurch werden stille Reserven gebildet, die dazu führen, dass das Anlagevermögen tatsächlich einen höheren Wert hat, als es die Bilanzansätze widerspiegeln. Gleichzeitig wird das Ergebnis durch überhöhte Abschreibungen geschmälert.

Ein Blick auf die Abschreibungsquote liefert daher zusätzliche Informationen über das Investitions- und Abschreibungsverhalten eines Unternehmens und sollte in jedem Fall berechnet werden.

Beispiel

Ein Unternehmen hat Abschreibungen von 4,8 Mio. Euro und die Anschaffungs- und Herstellungskosten der Sachanlagen betrugen 39,6 Mio. Euro. Damit liegt die Abschreibungsquote bei 12,1%:

$$\text{Abschreibungsquote} = \frac{4{,}8}{39{,}6} \approx 12{,}1\%$$

9.1.8 Vorratsintensität

Die Vorratsintensität bezieht sich auf die Größe der Vorräte eines Unternehmens. Zur besseren Einordnung werden die Vorräte ins Verhältnis zum Umsatz des Unternehmens gesetzt:

$$\text{Vorratsintensität} = \frac{\text{Vorräte}}{\text{Umsatz}}$$

Die Vorratsintensität beantwortet die Frage, wie viele Vorräte notwendig sind, um ein bestimmtes Umsatzvolumen zu erreichen.

Eine hohe Vorratsintensität kann auf Probleme im Unternehmen hinweisen. Beispielsweise kann eine hohe Kennzahl auf ein schlechtes Lagermanagement im Unternehmen hindeuten. Das Unternehmen ist nicht in der Lage, eine schlanke Lagerhaltung zu realisieren und hält unnötig hohe Bestände, um den Absatz zu sichern.

Eine hohe Kennzahl kann aber auch ein Hinweis auf Probleme in der Absatztätigkeit sein. Das Unternehmen ist nicht in der Lage, seine Leistungen am Markt abzusetzen und bleibt daher auf seinen Vorräten sitzen.

Eine hohe Lagerintensität kann aber auch bewusst herbeigeführt werden. Ein Unternehmen möchte sich durch den Aufbau von Vorräten auf zukünftig erwartete Absatzerfolge vorbereiten und dann lieferfähig sein.

Ein strategischer Lageraufbau kann auch notwendig sein, wenn das Unternehmen Schwierigkeiten in seiner Lieferkette erwartet. Zum Zeitpunkt des Brexits, aber auch während der Corona-Krise gab es in vielen Bereichen Lieferengpässe. Um dennoch lieferfähig zu sein und keinen Verlust von wichtigen Aufträgen zu riskieren, haben sich Unternehmen in diesen Zeiten übermäßig mit Lagerbeständen eingedeckt.

Auch hier lohnt es sich, die Entwicklung im Zeitablauf zu betrachten. Die Vorratsintensität sollte auch für die vergangenen Geschäftsjahre berechnet werden, um eine Entwicklung erkennen zu können. War eine zunächst vermeintlich hohe Lagerintensität auf einem historisch normalen Niveau oder hat sie sich erst in den letzten Jahren kontinuierlich verschlechtert? Natürlich kann eine sinkende Vorratsintensität auch auf Erfolge des Unternehmens im Bestandsmanagement hindeuten.

Beispiel

Ein Unternehmen hat ein Vorratsvermögen von 82,9 Mio. Euro bei einem Umsatz von 436,2 Mio. Euro. Damit beträgt die Vorratsintensität 19,0%:

$$\text{Vorratsintensität} = \frac{82{,}9}{436{,}2} \approx 19{,}0\%$$

9.1.9 Anlagenbindung

Nicht nur die Vorräte können ins Verhältnis zum Umsatz gesetzt werden, sondern auch das Anlagevermögen des Unternehmens. In diesem Fall spricht man von der Anlagenbindung des Unternehmens:

$$\text{Anlagenbindung} = \frac{\text{Anlagevermögen}}{\text{Umsatz}}$$

Die Anlagenbindung gibt Auskunft darüber, wie effizient das Unternehmen sein vorhandenes Anlagevermögen im Geschäftsbetrieb einsetzt.

Insbesondere im Zeitablauf kann diese Kennzahl nützliche Hinweise auf die effiziente Nutzung des Anlagevermögens geben. Eine geringe Anlagenbindung kann ein Indikator für eine gute Auslastung sein. Insbesondere bei einer im Zeitablauf sinkenden Anlagenbindung kann davon ausgegangen werden, dass das Unternehmen eine deutlich bessere Auslastung des vorhandenen Anlagevermögens erreicht. Insbesondere für produzierende Unternehmen ist eine hohe Auslastung der Produktionskapazitäten ein entscheidender Hebel zur Steigerung der Profitabilität.

Beispiel

Bei einem Anlagevermögen von 37,4 Mio. Euro und einem Umsatz von 217,3 Mio. Euro ergibt sich für ein Unternehmen eine Anlagenbindung von 17,2%:

$$\text{Anlagenbindung} = \frac{37{,}4}{217{,}3} \approx 17{,}2\%$$

9.1.10 Umschlagshäufigkeit der Vorräte

Im laufenden Geschäftsbetrieb interessieren vor allem die Komponenten des Working Capital, zu denen die Vorräte, die Forderungen aus Lieferungen und Leistungen sowie die Verbindlichkeiten aus Lieferungen und Leistungen gehören. Bei den Vorräten stellt sich die Frage, wie effizient das Unternehmen mit den vorhandenen Vorräten umgeht. Eine sehr aussagekräftige Kennzahl ist die Umschlagshäufigkeit der Vorräte:

$$\text{Umschlagshäufigkeit der Vorräte} = \frac{\text{Materialaufwand}}{\text{Vorräte}}$$

Diese Kennzahl gibt an, wie oft im Jahr der Vorratsbestand vollständig umgeschlagen und damit ersetzt wird.

Grundsätzlich kann gesagt werden, dass eine hohe Umschlagshäufigkeit positiv zu bewerten ist. Ein Unternehmen ist dadurch in der Lage, sehr effizient mit seinen Vorräten umzugehen und hat eine geringe Kapitalbindung in diesem Bereich.

Allerdings kann eine hohe Umschlagshäufigkeit auch dann auftreten, wenn das Unternehmen Probleme hat. Spart es vielleicht bewusst bei der Beschaffung von Vorräten und kauft nur das Nötigste? Auch so kann eine hohe Umschlagshäufigkeit zustande kommen.

Hier hilft ein Blick auf die Ausstattung des Unternehmens mit liquiden Mitteln. Sind diese in ausreichender Höhe vorhanden, kann davon ausgegangen werden, dass die hohe Umschlagshäufigkeit durch eine besonders effiziente Lagerhaltung erreicht wird. In jedem Fall lohnt es sich, die Umschlagshäufigkeit für mehrere Jahre zu berechnen und die Entwicklung zu beobachten.

Beispiel

Bei einem Materialaufwand von 68,1 Mio. Euro und einem Vorratsvermögen von 23,7 Mio. Euro ergibt sich ein Umschlag der Vorräte von:

$$\text{Umschlagshäufigkeit der Vorräte} = \frac{68{,}1}{23{,}7} \approx 2{,}87$$

9.1.11 Lagerdauer

Die Lagerdauer wurde bereits im *Abschnitt 3.4.4 »Working Capital Management«* behandelt. Sie wird häufig auch als »Days Inventories Outstanding (DIO)« bezeichnet. Bezogen auf die Lagerumschlagshäufigkeit errechnet sich die Lagerdauer wie folgt:

$$\text{Lagerdauer} = \frac{365}{\text{Umschlagshäufigkeit der Vorräte}}$$

Die Lagerdauer gibt an, wie lange die Vorräte im Durchschnitt im Lager verbleiben, bevor sie an die Kunden ausgeliefert werden. Eine kurze Lagerdauer ist natürlich positiv zu bewerten. Je schneller es einem Unternehmen gelingt, die vorhandenen Bestände produktiv zur Leistungserstellung einzusetzen, desto besser ist dies zu bewerten.

Beispiel

Für die oben berechnete Umschlagshäufigkeit der Vorräte von 2,87 ergibt somit eine Lagerdauer von 127 Tagen:

$$\text{Lagerdauer} = \frac{365}{2{,}87} \approx 127{,}1$$

9.1.12 Debitorenlaufzeit

Im Rahmen des Working Capital Managements haben wir bereits über die Debitorenlaufzeit gesprochen. Diese Kennzahl wird häufig auch als »Days Sales Outstanding (DSO)« bezeichnet. Debitoren sind eine andere Bezeichnung für die Kunden eines Unternehmens. Das sind diejenigen, denen das Unternehmen durch Zahlung auf Rechnung einen Kredit über das Zahlungsziel eingeräumt hat. Die Debitorenlaufzeit wird wie folgt berechnet:

$$\text{Debitorenlaufzeit} = \frac{\text{Forderungen LuL} \cdot 365}{\text{Umsatz}}$$

Die Debitorenlaufzeit gibt die Anzahl der Tage an, die im Durchschnitt vergehen, bis die Kunden des Unternehmens die Rechnungen bezahlen. Sie gibt damit auch das durchschnittlich gewährte Zahlungsziel an.

Auch hier ist eine kurze Debitorenlaufzeit positiv zu bewerten. Je kürzer die Zeit ist, bis die Kunden zahlen, desto weniger Tage muss das Unternehmen seinen Umsatz vorfinanzieren und umso weniger Kapital ist in der Umsatztätigkeit des Unternehmens gebunden.

Eine hohe Debitorenlaufzeit ist aus Sicht des Unternehmens weniger positiv. Dies kann verschiedene Ursachen haben. Zum einen ist das Unternehmen zu großzügig mit den gewährten Zahlungszielen. Es finanziert die Geschäftstätigkeit seiner Kunden über einen langen Zeitraum vor.

Eine lange Debitorenlaufzeit kann auch ein Indikator für Probleme auf der Kundenseite sein. Möglicherweise ist die Zahlungsmoral der Kunden schlecht und das Unternehmen hat Schwierigkeiten, die ausstehenden Zahlungen einzutreiben. Eine eingeschränkte Zahlungsfähigkeit der Kunden führt auch auf der Unternehmensseite zu einer Verlängerung der Debitorenlaufzeit. Daher ist es für Unternehmen sinnvoll, insbesondere Neukunden einer umfassenden Analyse zu unterziehen und zu Beginn einer neuen Geschäftsbeziehung nur gegen Vorkasse zu liefern.

Eine hohe Debitorenlaufzeit kann aber auch auf andere Probleme im Unternehmen hinweisen. Wenn die Produkte des Unternehmens fehlerhaft sind und Qualitätsprobleme aufweisen, wird es früher oder später zu Problemen mit den Kunden kommen. Diese weigern sich, die fehlerhaften Produkte zu bezahlen und warten auf eine Klärung oder Nachbesserung. Bis dahin bleiben die Forderungen offen und unbezahlt.

Beispiel

Bei Forderungen aus Lieferungen und Leistungen von 26,8 Mio. und einem Umsatz von 256,0 Mio. Euro ergibt sich eine Debitorenlaufzeit von 38 Tagen:

$$\text{Debitorenlaufzeit} = \frac{26{,}8 \cdot 365}{256{,}0} \approx 38{,}2$$

9.1.13 Kreditorenlaufzeit

Im Zusammenhang mit dem Working Capital Management haben wir auch die Kreditorenlaufzeit diskutiert. Sie wird auch als »Days Payables Outstanding (DPO)« bezeichnet. Die Kreditoren eines Unternehmens sind seine Lieferanten.

Durch den Kauf von Materialien auf Rechnung erhält das Unternehmen von seinen Lieferanten einen Kredit für die Dauer des Zahlungsziels. Das Unternehmen kann mit den gelieferten Materialien bereits arbeiten, muss aber die Rechnungen erst zu einem späteren Zeitpunkt bezahlen.

Die Kreditorenlaufzeit wird wie folgt berechnet:

$$\text{Kreditorenlaufzeit} = \frac{\text{Verbindlichkeiten LuL} \cdot 365}{\text{Materialaufwand}}$$

Da die Verbindlichkeiten aus Lieferungen und Leistungen eine Finanzierungsquelle für das Unternehmen darstellen, die zudem zinslos ist, ist eine hohe Kreditorenlaufzeit zunächst positiv zu bewerten. Je länger die Kreditorenlaufzeit ist, desto länger kann das Unternehmen mit den gelieferten Materialien in der eigenen Leistungserstellung arbeiten, muss diese aber erst viel später bezahlen.

Eine hohe Kreditorenlaufzeit ist daher ein Indikator für das Verhandlungsgeschick des Einkaufs. Sie deutet darauf hin, dass nicht nur die Einkaufspreise im Mittelpunkt der Verhandlungen stehen, sondern auch die übrigen Rahmenbedingungen, zu denen auch die gewährten Zahlungsbedingungen gehören.

Allerdings gibt es auch hier einen alternativen Erklärungsansatz, der auf Probleme im Unternehmen hindeutet. Solange die Lieferantenrechnungen nicht vollständig bezahlt sind, bleiben die Verbindlichkeiten aus Lieferungen und Leistungen bestehen. Eine hohe Kreditorenlaufzeit kann also auch dann entstehen, wenn das Unternehmen selbst in Zahlungsschwierigkeiten steckt und nicht in der Lage ist, seine Lieferantenrechnungen pünktlich zu begleichen.

Auch hier lohnt sich ein Blick auf die Liquiditätssituation des Unternehmens. Sind ausreichend liquide Mittel im Unternehmen vorhanden, so ist eine hohe Kreditorenlaufzeit wahrscheinlich ein positives Zeichen.

Beispiel

Ein Unternehmen hat Verbindlichkeiten aus Lieferungen und Leistungen von 387.500 Euro und einen Materialaufwand von 4.832.400 Euro. Damit ergibt sich eine Kreditorenlaufzeit von:

$$\text{Kreditorenlaufzeit} = \frac{387.500 \cdot 365}{4.832.400} \approx 29{,}3$$

9.2 Analyse der Kapitalstruktur/ Finanzierungsanalyse

Nachdem wir uns ausführlich mit der Analyse der Vermögensstruktur des Unternehmens beschäftigt haben, wenden wir uns nun der Passivseite der Bilanz zu. Diese enthält die Kapitalstruktur des Unternehmens und zeigt damit, woher das im Unternehmen gebundene Kapital stammt.

Bei der Analyse der Kapitalstruktur interessiert uns zunächst, woher die einzelnen Kapitalbestandteile des Unternehmens stammen. Damit werfen wir auch einen Blick auf die gesamte Kapitalstruktur des Unternehmens.

Bei der Analyse interessiert das Risiko des Unternehmens. Verfügt es über genügend Eigenkapital, um auch schwierige wirtschaftliche Phasen unbeschadet zu überstehen? Die Antwort liefert dieser Analyseschritt im Rahmen der Bilanzanalyse.

Darüber hinaus interessiert uns, ob das Unternehmen ausreichend kapitalisiert ist, um seinen zukünftigen Zahlungsverpflichtungen nachkommen zu können.

Eine weitere Frage im Rahmen der Finanzierungsanalyse lautet: Verfügt das Unternehmen über eine optimale Finanzierungsstruktur? Ist die bestehende Kapitalstruktur auch aus betriebswirtschaftlicher Sicht sinnvoll? Grundsätzlich lässt sich festhalten, dass ein Unternehmen mit einem hohen Eigenkapitalanteil als sicher einzustufen ist. Viel Eigenkapital bedeutet eine geringere Abhängigkeit von Fremdkapitalgebern. Das Unternehmen verfügt über eine gute Kapitalausstattung, die nicht in Form von Krediten vergeben wurde, sondern den Eigentümern dauerhaft zur Verfügung steht.

9.2.1 Eigenkapitalquote

Betrachten wir zunächst eine der wichtigsten Kennzahlen in der Finanzierungsanalyse. Die Eigenkapitalquote setzt das Eigenkapital des Unternehmens ins Verhältnis zum Gesamtkapital, das der Bilanzsumme entspricht:

$$\text{Eigenkapitalquote} = \frac{\text{Eigenkapital}}{\text{Gesamtkapital}}$$

Ein hohes Eigenkapital und damit eine hohe Eigenkapitalquote sind grundsätzlich als sehr positiv zu bewerten. Das Eigenkapital wird dem Unternehmen von den Eigentümern dauerhaft zur Verfügung gestellt. Das Unternehmen ist nicht verpflichtet, es an die Eigenkapitalgeber zurückzuzahlen, da es keiner Fälligkeit wie Kredite unterliegt. Es besteht auch keine Verpflichtung, das Eigenkapital in Form von Dividenden oder Gewinnausschüttungen an die Eigentümer auszuzahlen. Das Unternehmen kann mit dem vorhandenen Eigenkapital frei wirtschaften und sich darauf verlassen, dass dieses Kapital zur Verfügung steht.

Je höher das Eigenkapital und damit die Eigenkapitalquote sind, desto sicherer ist das Unternehmen finanziert. Ausreichend Eigenkapital bietet ein hohes Maß an Sicherheit. In wirtschaftlich schwierigen Zeiten kann ein Unternehmen mit einer sehr guten Eigenkapitalquote einige Verlustjahre überstehen, ohne dass die Gefahr einer Überschuldung besteht. Eigenkapital ist somit ein Puffer für Unternehmen in schwierigen Zeiten.

Die optimale Höhe der Eigenkapitalquote hängt stark von der Branche des Unternehmens ab. Ist ein Unternehmen in einem sehr volatilen Markt tätig, sollte es eher eine höhere Eigenkapitalquote anstreben. In solchen Branchen kommt es immer wieder zu längeren Phasen wirtschaftlicher Schwierigkeiten, in denen die Unternehmen einen langen Atem und ausreichend Kapital benötigen. Die Automobilindustrie ist ein bekanntes Beispiel für eine solche stark zyklische Branche. In einem solchen Umfeld sind Eigenkapitalquoten von 50 % oder mehr erstrebenswert.

In stabileren Branchen können Unternehmen jedoch auch mit einer geringeren Eigenkapitalquote als ausreichend finanziert angesehen werden. In der Nahrungsmittelindustrie oder der Energieversorgung ist aufgrund des täglichen Bedarfs auch in gesamtwirtschaftlich schwierigen Zeiten mit einem weniger starken Geschäftseinbruch oder sogar mit einer stabilen Entwicklung zu rechnen. Hier können auch Eigenkapitalquoten unter 50% als sicher angesehen werden.

Eine zu hohe Eigenkapitalquote kann aber auch weniger gute Signale aussenden. Verfügt ein Unternehmen über zu viel Eigenkapital, wirkt sich dies auf die Rentabilität des eingesetzten Kapitals aus: Es ist zu viel Eigenkapital vorhanden, was auch bei einer deutlich niedrigeren Quote kein höheres Risiko bedeuten würde.

Beispiel

Ein Unternehmen hat ein Eigenkapital von 96,2 Mio. Euro bei einer Bilanzsumme von 196,8 Mio. Euro. Damit ergibt sich eine Eigenkapitalquote von 48,9%:

$$\text{Eigenkapitalquote} = \frac{96{,}2}{196{,}8} \approx 48{,}9\%$$

9.2.2 Fremdkapitalquote

Die Fremdkapitalquote ist das Gegenstück zur Eigenkapitalquote. Hier wird das gesamte Fremdkapital des Unternehmens ins Verhältnis zum Gesamtkapital gesetzt:

$$\text{Fremdkapitalquote} = \frac{\text{Fremdkapital}}{\text{Gesamtkapital}}$$

Zum Fremdkapital gehören alle Bestandteile der Passivseite der Bilanz, die nicht als Eigenkapital anzusehen sind. Dazu gehören also auch die Rückstellungen des Unternehmens sowie die passiven Rechnungsabgrenzungsposten.

Für die Fremdkapitalquote gilt die umgekehrte Argumentation wie für die Eigenkapitalquote. Eine eher niedrige Fremdkapitalquote ist daher positiv zu bewerten und grundsätzlich können Fremdkapitalquoten von unter 50 % als erstrebenswert angesehen werden.

Hinter dem Fremdkapital eines Unternehmens stehen in der Regel feste Zahlungsverpflichtungen, die das Unternehmen in der Zukunft zu leisten hat. Dazu gehören neben Zinszahlungen auch die Tilgungszahlungen. Da diese in der Regel der Höhe und dem Zeitpunkt nach feststehen, ist das Unternehmen verpflichtet, diesen Zahlungsverpflichtungen pünktlich und in voller Höhe nachzukommen.

Damit ist auch ein gewisses Risiko verbunden. Weniger Fremdkapital und damit eine niedrigere Fremdkapitalquote bedeutet daher auch ein geringeres finanzielles Risiko für das Unternehmen. Eigenkapitalquote und Fremdkapitalquote ergeben zusammen 100%.

Beispiel

Bei einem Fremdkapital von 88,7 Mio. und einer Bilanzsumme von 214,6 Mio. Euro ergibt sich für ein Unternehmen eine Fremdkapitalquote von 41,3%:

$$\text{Fremdkapitalquote} = \frac{88{,}7}{214{,}6} \approx 41{,}3\%$$

9.2.3 Gearing/Verschuldungsgrad

Natürlich lassen sich die beiden groben Bestandteile der Kapitalstruktur eines Unternehmens auch zueinander in Beziehung setzen. Das Gearing, auch Verschuldungsgrad genannt, macht genau das:

$$\text{Gearing} = \frac{\text{Fremdkapital}}{\text{Eigenkapital}}$$

Das Fremdkapital und das Eigenkapital werden also ins Verhältnis gesetzt. Genauer gesagt sagt das Gearing aus, wie viel Euro Fremdkapital für einen Euro Eigenkapital im Unternehmen vorhanden sind.

Aus der vorangegangenen Diskussion der Eigen- und Fremdkapitalquote ergibt sich somit, dass ein Zielwert von unter 1 als erstrebenswert anzusehen ist. Generell sollte also angestrebt werden, dass ein Unternehmen weniger Fremdkapital in Anspruch nimmt, als ihm Eigenkapital zur Finanzierung zur Verfügung steht. Je niedriger der Verschuldungsgrad ist, desto geringer ist das finanzielle Risiko des Unternehmens. Es steht anteilig weniger Fremdkapital mit festen Rückzahlungsverpflichtungen als Eigenkapital zur Verfügung.

Im Umkehrschluss bedeutet dies aber auch, dass das Risiko des Unternehmens mit einem Gearing von über 100% steigt. Die Zahlungsverpflichtungen steigen im Verhältnis zum Eigenkapital und das Unternehmen sieht sich fixen Zahlungen gegenüber. Damit steigt das Risiko der Zahlungsunfähigkeit und gleichzeitig das Risiko der Überschuldung in wirtschaftlich schwierigen Zeiten.

Beispiel

Das Gearing für ein Unternehmen mit 264.800 Euro Fremdkapital und 617.200 Euro Eigenkapital errechnet sich wie folgt:

$$\text{Gearing} = \frac{264.800}{617.200} \approx 0{,}43$$

9.2.4 Dynamischer Verschuldungsgrad

Ein weiterer Indikator für die finanzielle Stabilität ist der dynamische Verschuldungsgrad. Hier werden nicht nur die Elemente der Passivseite der Bilanz und damit die Bestandsgrößen berücksichtigt, sondern auch Informationen aus der Ertragskraft des Unternehmens herangezogen:

$$\text{Dynamischer Verschuldungsgrad} = \frac{\text{Fremdkapital - Flüssige Mittel}}{\text{(Free) Cashflow}}$$

Hierbei wird das Fremdkapital um die vorhandenen liquiden Mittel reduziert. Daraus ergibt sich die Nettoverschuldung des Unternehmens, da die liquiden Mittel theoretisch vollständig zur Tilgung der Schulden des Unternehmens zur Verfügung stehen. Die verbleibende Nettoverschuldung wird dann ins Verhältnis zum Cashflow gesetzt.

Üblicherweise wird hier der freie Cashflow verwendet, der sich aus dem operativen Cashflow und dem Cashflow aus Finanzierungstätigkeit zusammensetzt. Dieser Cashflow steht für die Investitionstätigkeit frei zur Verfügung und kann auch zur Tilgung von Schulden des Unternehmens verwendet werden.

Der dynamische Verschuldungsgrad des Unternehmens gibt an, wie viele Perioden/Geschäftsjahre es dauert, bis das Unternehmen seine Nettoverschuldung vollständig getilgt hat.

Bei sehr volatilen Unternehmen sollte nicht unbedingt der Free Cashflow eines einzelnen Geschäftsjahres verwendet werden, sondern z.B. ein Durchschnitt der letzten Geschäftsjahre oder alternativ ein normalisierter durchschnittlicher Planwert.

Der große Vorteil gegenüber dem Gearing ist, dass die Cashflow-Komponente berücksichtigt wird und damit auch die Fähigkeit des Unternehmens, bestehende Schulden und Zahlungsverpflichtungen aus den Erträgen zu bedienen.

Auch hier haben sich in der Praxis Faustregeln dahingehend etabliert, welche Größenordnungen für den dynamischen Verschuldungsgrad als erstrebenswert anzusehen sind. Ein Wert von unter 2 Jahren gilt als sehr gut und bedeutet ein sehr geringes Risiko für das Unternehmen. Die Cashflows sind so dimensioniert, dass die gesamte Nettoverschuldung in weniger als zwei Jahren aus dem Free Cashflow getilgt werden kann.

Bei einem Wert von mehr als fünf Jahren ist die Situation des Unternehmens jedoch als kritisch einzustufen. Ein derart langer Zeitraum stellt ein nicht unerhebliches finanzielles Risiko dar. Das Unternehmen hat im Verhältnis zur Ertragssituation eine sehr hohe Verschuldung auf der Passivseite der Bilanz und benötigt im Durchschnitt einen sehr langen Zeitraum, um die Schulden zurückzahlen zu können.

Beispiel

Der dynamische Verschuldungsgrad für ein Unternehmen mit 41,7 Mio. Fremdkapital, flüssigen Mitteln von 11,8 Mio. Euro und einem Free Cashflow von 19,3 Mio. Euro beträgt 1,55:

$$\text{Dynamischer Verschuldungsgrad} = \frac{41{,}7 - 11{,}8}{19{,}3} \approx 1{,}55$$

Leverage-Effekt

Im Zusammenhang mit der Kapitalstruktur eines Unternehmens steht auch das Konzept des Leverage-Effekts. Dieser besagt, dass ein Unternehmen seine Eigenkapitalrendite erhöhen kann, indem es zusätzliches Fremdkapital zur Finanzierung des Unternehmens einsetzt. Dieser Zusammenhang besteht so lange, wie die im operativen Geschäft zu erzielende Rendite auf das frische Kapital höher ist als die dafür zu zahlenden Zinsen.

Allerdings steigt mit zunehmendem Fremdkapitalanteil auch das finanzielle Risiko des Unternehmens. Dies wissen natürlich auch die Kreditgeber und verlangen bei einer bereits höheren Verschuldung des Unternehmens höhere Zinsen für zusätzliches Fremdkapital. Denn dieses erhöhte Risiko wollen sich die Kreditgeber auch durch eine höhere Rendite für ihre Kredite bezahlen lassen.

Gerade in Phasen wirtschaftlicher Stärke und eines gesamtwirtschaftlichen Aufschwungs ist die Ausnutzung des Leverage-Effekts ein beliebtes Mittel der Unternehmen, um die Verzinsung des Eigenkapitals zu erhöhen.

Auf jede Aufschwungphase folgt jedoch irgendwann eine Abschwungphase. In solchen Zeiten ist eine übermäßige Aufnahme von Fremdkapital nicht ratsam. Zum einen müssen die höheren Zinsen dann noch aus einem schlechteren oder gar negativen Unternehmensergebnis bezahlt werden. Zum anderen stehen dann auch noch Rückzahlungsverpflichtungen für die Kredite an, die ebenfalls bedient werden müssen.

Es lässt sich also festhalten, dass zusätzliches Fremdkapital in der Masse ein probates Mittel sein kann, um eine bessere Rendite für die Unternehmenseigner zu erzielen. Allerdings sollten es die Unternehmen nicht übertreiben. Irgendwann steigt das finanzielle Risiko überproportional an und im Ergebnis wird nur eine geringfügig höhere Eigenkapitalrendite erzielt. Spätestens dann ist die Nutzung des Leverage-Effekts als fragwürdig anzusehen.

9.2.5 Selbstfinanzierungsgrad

Der Selbstfinanzierungsgrad ist eine Kennzahl, die sich auf eine Komponente des Eigenkapitals konzentriert:

$$\text{Selbstfinanzierungsgrad} = \frac{\text{Gewinnrücklagen}}{\text{Gesamtkapital}}$$

Er setzt die Gewinnrücklagen des Unternehmens ins Verhältnis zum Gesamtkapital. Beide Angaben finden sich auf der Passivseite der Bilanz.

Die Gewinnrücklagen im Eigenkapital resultieren aus der erfolgreichen wirtschaftlichen Tätigkeit des Unternehmens. In Perioden, die mit einem Gewinn abgeschlossen werden können, hat das Unternehmen die Wahl, wie es mit dem erwirtschafteten Gewinn verfahren will. Das Unternehmen kann diese Gewinne ganz oder teilweise in Form von Dividenden oder Gewinnausschüttungen an die Eigentümer auszahlen. Alternativ kann der Gewinn auch im Unternehmen verbleiben, was als »Thesaurierung« bezeichnet wird. In diesem Fall werden die thesaurierten Jahresgewinne in die Gewinnrücklagen eingestellt.

So wird Jahr für Jahr ein Puffer aus Gewinnen der Vorperioden aufgebaut. Die Gewinnrücklagen sind damit auch Ausdruck dafür, dass sich das Unternehmen durch eigene wirtschaftliche Tätigkeit nach und nach ein Polster aus eigenen Mitteln aufgebaut hat.

Der Selbstfinanzierungsgrad gibt an, zu welchem Anteil das gesamte dem Unternehmen zur Verfügung stehende Kapital aus Eigenfinanzierung stammt. Ein hoher Selbstfinanzierungsgrad ist ein Indikator dafür, dass ein Unternehmen in der Vergangenheit erfolgreich gewirtschaftet hat und sich dadurch eine solide und sichere Finanzierung aus eigener Kraft aufgebaut hat.

Beispiel

Bei einem Unternehmen betragen die Gewinnrücklagen 14,9 Mio. Euro und es hat eine Bilanzsumme von 66,1 Mio. Euro. Somit liegt der Selbstfinanzierungsgrad bei 22,5%:

$$\text{Selbstfinanzierungsgrad} = \frac{14{,}9}{66{,}1} \approx 22{,}5\%$$

9.2.6 Anlagendeckungsgrad I und II

Wenden wir uns nun einem Maßstab für die Angemessenheit der Unternehmensfinanzierung zu. Nicht nur die Kapitalstruktur und damit die Aufteilung in Eigen- und Fremdkapital kann Aufschluss über die Angemessenheit der Finanzierung geben, sondern auch die Betrachtung, welches Vermögen mit welcher Finanzierung finanziert wurde.

Hier geht es vor allem um die Fristigkeit und deren Kongruenz zwischen Vermögen und Finanzierungsquelle. Nach der »goldenen Bilanzregel« sollten langfristige Vermögensbestandteile auch langfristig finanziert werden. Oder anders ausgedrückt: Langfristiges Vermögen sollte möglichst nicht durch kurzfristige Finanzierungsquellen finanziert werden. Andernfalls besteht die Gefahr, dass diese kurzfristigen Finanzierungen zurückgeführt werden müssen und nicht genügend Liquidität zur Verfügung steht, um den Verpflichtungen nachkommen zu können. In diesem Fall können naturgemäß auch die langfristigen Vermögensbestandteile nicht schnell genug in Liquidität umgewandelt werden, um ebenfalls zur Begleichung der Zahlungsverpflichtungen zur Verfügung zu stehen.

Die Relevanz dieser recht einfachen Finanzierungsregel wird deutlich, wenn man sich die Finanzkrise 2008 vor Augen führt. Hier wurden langfristige Vermögenswerte durch kurzfristige Finanzierungen finanziert. Als das Vermögen dann nicht mehr schnell genug in Liquidität umgewandelt werden konnte, führten die Zahlungsausfälle fast zum Zusammenbruch der gesamten Weltwirtschaft.

Die goldene Bilanzregel findet im Anlagendeckungsgrad I ihre Übersetzung in eine Kennzahl:

$$\text{Anlagendeckungsgrad I} = \frac{\text{Eigenkapital}}{\text{Anlagevermögen}}$$

Im Idealfall sollte der Anlagendeckungsgrad größer oder gleich 1 sein. In diesem Fall ist das langfristige Anlagevermögen vollständig durch Eigenkapital finanziert. Da das Eigenkapital keine Fälligkeit hat und somit dem Unternehmen unbegrenzt zur Verfügung steht, ist das Risiko eines Finanzierungsengpasses deutlich reduziert.

Die Kennzahl »Anlagendeckungsgrad I« kann zusätzlich erweitert werden. Die erweiterte Kennzahl »Anlagendeckungsgrad II« wird daher auch als »erweiterte goldene Bilanzregel« bezeichnet:

$$\text{Anlagendeckungsgrad II} = \frac{\text{Eigenkapital + langfristiges Fremdkapital}}{\text{Anlagevermögen}}$$

Hierbei wird nicht nur das langfristige Eigenkapital, sondern auch das langfristige Fremdkapital berücksichtigt. Als »langfristiges Fremdkapital« wird allgemein der Teil des Fremdkapitals bezeichnet, der dem Unternehmen für mindestens fünf Jahre zur Verfügung steht.

Für eine genauere Berechnung des langfristigen Fremdkapitals sollte daher ein Blick in den Anhang geworfen werden. Dort findet sich in der Regel eine Aufgliederung des langfristigen Fremdkapitals nach Fristigkeit. Darüber hinaus können auch langfristige Bestandteile von Rückstellungen, wie z.B. Pensionsverpflichtungen, in die Betrachtung einbezogen werden.

Für den Anlagendeckungsgrad II ist ein Wert über 1 bzw. 100 % anzustreben. In diesem Fall ist das langfristige Anlagevermögen des Unternehmens vollständig durch sehr langfristige Kapitalbestandteile finanziert und das Risiko von Finanzierungsengpässen sehr gering.

Bei einem Wert unter 1 bzw. 100% sollte man misstrauisch werden. Hier reichen die langfristigen Kapitalbestandteile auch unter Berücksichtigung des

Fremdkapitals nicht aus, um das Anlagevermögen des Unternehmens zu decken. Es ist also zu einem gewissen Teil kurzfristig finanziert.

Gerade bei Unternehmen in sehr zyklischen Branchen sollte ein besonderes Augenmerk auf die beiden Anlagendeckungsgrade gelegt werden. Hier sind bei Nichtbeachtung der beiden goldenen Bilanzregeln Zahlungsschwierigkeiten in Abschwungphasen nahezu unvermeidbar.

Beispiel

Ein Unternehmen hat ein Anlagevermögen von 25,8 Mio. Euro. Sein Eigenkapital liegt bei 36,4 Mio. Euro und es hat zusätzlich langfristiges Fremdkapital über 10,9 Mio. Euro zur Verfügung. Die Anlagendeckungsgrade I und II berechnen sich wie folgt:

$$\text{Anlagendeckungsgrad I} = \frac{36{,}4}{25{,}8} \approx 1{,}41$$

$$\text{Anlagendeckungsgrad II} = \frac{36{,}4 + 10{,}9}{25{,}8} \approx 1{,}83$$

Horizontale Finanzierungsanalyse

Die Anlagendeckungsgrade I und II sind Beispiele für Kennzahlen der horizontalen Finanzierungsanalyse. Dabei werden Relationen zwischen den Bestandteilen beider Bilanzseiten gebildet. Es stellt sich die Frage, in welchem Verhältnis Vermögen und Kapital zueinanderstehen.

Grundsätzlich gilt für die Bilanzierung und Finanzierung von Vermögen das Prinzip der Fristenkongruenz. Zwischen dem Vermögen und der damit verbundenen Kapitalbindung einerseits und der Finanzierung des Unternehmens andererseits sollen gleiche Fristigkeiten bestehen. Dadurch wird sichergestellt, dass das zur Finanzierung zur Verfügung gestellte Kapital nicht zurückgezahlt werden muss, bevor die Kapitalbindung durch das Vermögen beendet ist.

Mit der Einhaltung der Fristenkongruenz tragen die Unternehmen den Grundsätzen einer angemessenen und sicheren Unternehmensfinanzierung Rechnung und reduzieren damit die Risiken möglicher Zahlungsengpässe.

9.2.7 Nettoverschuldungsgrad

Insbesondere Kreditgeber haben ein großes Interesse an der Entwicklung der Bonität von Unternehmen, die sie bereits mit Fremdkapital finanzieren oder mit denen sie Gespräche über mögliche neue Finanzierungen führen. Eine der am weitesten verbreiteten Kennzahlen in diesem Zusammenhang ist der Nettoverschuldungsgrad:

$$\text{Nettoverschuldungsgrad} = \frac{\text{Nettoverschuldung}}{\text{EBITDA}}$$

Hierbei wird die Nettoverschuldung in Form des Net Debt ins Verhältnis zum EBITDA des Unternehmens gesetzt. Die Nettoverschuldung wird üblicherweise berechnet, indem man die Summe des zinstragenden Fremdkapitals ermittelt und davon die liquiden Mittel des Unternehmens abzieht. So erhält man die verzinsliche Nettoverschuldung des Unternehmens.

Diese wird dann durch das EBITDA des Unternehmens dividiert. Das EBITDA des Unternehmens wird häufig als Proxy für den Brutto-Cashflow des Unternehmens angesehen, der grundsätzlich für längerfristige Finanzverbindlichkeiten zur Verfügung stehen würde.

Diese Kennzahl gibt somit an, wie lange es dauert, bis ein Unternehmen seine verzinslichen Nettoschulden zurückgeführt hat. Sie drückt damit auch aus, als wie sicher eine Rückzahlung durch das Unternehmen angesehen werden kann.

Vor allem in Kreisen professioneller Investoren, insbesondere im Bereich Private Equity, wird die Kennzahl verwendet, um die maximale Fremdkapitalbelastung eines Unternehmens zu bestimmen.

Ein Wert unter 1 gilt dabei als sehr gut und steht für eine nahezu sichere Rückzahlung der Fremdfinanzierung. Ab einem Wert von 3 wird die Situation als kritisch eingestuft. Die Rückzahlung der Kredite gilt dann als zumindest teilweise unsicher.

Sehr häufig wird in Kreditverträgen auch die Kennzahl Net Debt / EBITDA als Covenant vereinbart. Dabei handelt es sich um eine verpflichtende Kennzahl, über die das Unternehmen seine Kreditgeber regelmäßig informieren muss. Meist werden im Rahmen der Kreditverträge auch Grenzwerte definiert, bei deren Überschreitung die finanzierende Bank grundsätzlich das Recht hat, den gesamten Kredit sofort fällig zu stellen.

Beispiel

Ein Unternehmen hat eine Nettoverschuldung von 27,4 Mio. Euro und ein EBITDA von 12,9 Mio. Euro. Damit berechnet sich der Nettoverschuldungsgrad wie folgt:

$$\text{Nettoverschuldungsgrad} = \frac{27{,}4}{12{,}9} \approx 2{,}1$$

9.3 Analyse der Liquidität

Ein weiterer Bereich der Analyse der finanziellen Stabilität betrifft die Liquidität des Unternehmens. Wie bereits im *Kapitel 5* zur Kapitalflussrechnung dargestellt, ist die jederzeitige Zahlungsfähigkeit eines Unternehmens von besonderer Bedeutung. Gerät das Unternehmen in Zahlungsschwierigkeiten, hat dies in der Regel ein Insolvenzverfahren zur Folge, an dessen Ende nicht selten die vollständige Liquidation des Unternehmens steht.

Daher sollte im Rahmen der Bilanzanalyse ein besonderes Augenmerk auf Kennzahlen zur Liquiditätssituation des Unternehmens gelegt werden. Hier ist insbesondere der Zusammenhang zwischen der Verwendung der liquiden Mittel des Unternehmens und deren Finanzierung von Interesse.

9.3.1 Liquidität 1. Grades

Für die Betrachtung der Liquiditätssituation des Unternehmens haben sich vor allem die Liquiditätsgrade bewährt. Bei der Liquidität 1. Grades werden die liquiden Mittel des Unternehmens ins Verhältnis zum kurzfristigen Fremdkapital des Unternehmens gesetzt:

$$\text{Liquidität 1. Grades} = \frac{\text{Flüssige Mittel}}{\text{kurzfristiges Fremdkapital}}$$

Zum kurzfristigen Fremdkapital werden alle Bestandteile gezählt, die voraussichtlich innerhalb der nächsten 12 Monate zur Auszahlung kommen. Dazu gehören z.B. die gesamten Verbindlichkeiten aus Lieferungen und Leistungen, in diesem Zeitraum fällig werdende Darlehenstilgungen, kurzfristige Bestandteile der Rückstellungen wie z.B. Steuerrückstellungen, aber auch weitere kurzfristige Bestandteile der sonstigen Verbindlichkeiten.

Um ein möglichst genaues Bild dieser Komponenten zu erhalten, lohnt es sich, die verschiedenen Erläuterungen im Anhang zu den entsprechenden Positionen der Passivseite zu konsultieren.

Bei einem gesunden Unternehmen wird die Liquidität 1. Grades wahrscheinlich in einem niedrigen Bereich liegen. Selbst Werte von ca. 10% sind bei einem ansonsten als gesund einzustufenden Unternehmen üblich. Denn es soll ja keine unnötige Liquidität ungenutzt auf den Konten des Unternehmens liegen, sondern produktiv in Form von Vorräten oder Forderungen aus Lieferungen und Leistungen im Unternehmen arbeiten und Erträge erwirtschaften.

Die Liquidität 1. Grades gibt an, welcher Teil des kurzfristigen Fremdkapitals theoretisch sofort aus den liquiden Mitteln beglichen werden könnte.

Beispiel

Ein Unternehmen hat flüssige Mittel von 827.300 Euro und kurzfristiges Fremdkapital von 7.016.200 Euro. Damit berechnet sich die Liquidität 1. Grades folgendermaßen:

$$\text{Liquidität 1. Grades} = \frac{827.300}{7.016.200} \approx 11{,}8\%$$

9.3.2 Liquidität 2. Grades

Die Liquidität 2. Grades ist eine Erweiterung der ersten Kennzahl. Neben den liquiden Mitteln werden hier auch die kurzfristigen Forderungen berücksichtigt:

$$\text{Liquidität 2. Grades} = \frac{\text{Flüssige Mittel + kurzfristige Forderungen}}{\text{kurzfristiges Fremdkapital}}$$

Die Liquidität 2. Grades ist eine der wichtigsten Kennzahlen zur Liquiditätssituation des Unternehmens. Ein idealer Wert für diese Kennzahl liegt zwischen 100% und 120%. In diesem Fall reichen die kurzfristigen und leicht liquidierbaren Vermögenswerte aus, um das kurzfristig fällige Fremdkapital zu begleichen.

Unter einem Wert von 100% ist die Liquiditätssituation des Unternehmens als sehr kritisch einzustufen. Es besteht die reale Gefahr der Zahlungsunfähigkeit und damit der drohenden Insolvenz.

Aber auch ein Wert von über 120% ist nicht ideal. Hier ist zu viel Kapital in kurzfristigem Vermögen gebunden. Es lohnt sich, einen genaueren Blick auf die einzelnen Bestandteile des Umlaufvermögens zu werfen. Hat das Unternehmen vielleicht einen sehr hohen Lagerbestand? Ist dort zu viel Kapital gebunden, das an anderer Stelle im Unternehmen deutlich rentabler eingesetzt werden könnte?

Eine Abweichung von diesem idealen Korridor von 100-120% beim 2. Grad der Liquidität sollte einer genaueren Analyse unterzogen werden. Diese Kennzahl ist in der Praxis eine der aussagekräftigsten, um Aussagen über die angemessene Liquiditätsausstattung des Unternehmens zu treffen.

Beispiel

Das Unternehmen aus dem Beispiel zur Liquidität 1. Grades hat zudem noch kurzfristige Forderungen über 6.908.100 Euro. Damit hat es eine Liquidität 2. Grades von 110,3%:

$$\text{Liquidität 2. Grades} = \frac{827.300 + 6.908.100}{7.016.200} \approx 110{,}3\%$$

9.3.3 Liquidität 3. Grades

Bei den Liquiditätsgraden gibt es noch eine dritte Variante. Bei der Liquidität 3. Grades werden zusätzlich die Vorräte des Unternehmens in die Betrachtung einbezogen:

$$\text{Liquidität 3. Grades} = \frac{\text{Flüssige Mittel} + \text{kurzfr. Forderungen} + \text{Vorräte}}{\text{kurzfristiges Fremdkapital}}$$

Der als ideal angesehene Bereich für diese Kennzahl liegt bei 120-150%.

Zu den kurzfristigen Vermögenswerten zählen auch die Vorräte des Unternehmens, die voraussichtlich innerhalb der nächsten zwölf Monate in liquide Mittel umgewandelt werden. Allerdings sind die Vorräte nicht so kurzfristig liquidierbar wie die Forderungen. Es müssen erst geeignete Käufer gefunden werden, die bereit sind, die Vorräte zu einem angemessenen Preis zu kaufen.

Bei einer Liquidität 3. Grades von mehr als 150% ist davon auszugehen, dass das Unternehmen über zu hohe Bestände an Vorräten verfügt.

Beispiel

Mit einem Vorratsvermögen von 3.228.400 Euro berechnet sich die Liquidität 3. Grades für das Unternehmens aus den vorherigen beiden Beispielen so:

$$\text{Liquidität 3. Grades} = \frac{827.300 + 6.908.100 + 3.228.400}{7.016.200} \approx 156{,}3\%$$

9.3.4 Gründe für schlechte Liquidität

Die drei Liquiditätsgrade helfen bei der Beurteilung der Liquiditätssituation eines Unternehmens. Durch ihre Berechnung und Interpretation kann ein umfassendes Bild der Liquiditätssituation des Unternehmens gewonnen werden. Insbesondere der 2. Liquiditätsgrad hat eine hohe Aussagekraft und damit große Relevanz für die Analyse von Unternehmen.

Eine weniger gute Liquiditätsausstattung kann jedoch verschiedene Ursachen haben. Nicht alle sind zwangsläufig als schlecht zu bewerten. Zu den positiven Gründen für eine schlechtere Liquiditätsausstattung eines Unternehmens zählen:

- Es wurden zuvor umfangreiche Investitionen getätigt.
- Es wurde Fremdkapital abgebaut.
- Es bestehen langfristige Fertigungsaufträge im Unternehmen.

Investitionen sind für die zukünftige Gesundheit eines Unternehmens von entscheidender Bedeutung. Sie dienen nicht nur dem Ersatz und der Erneuerung des Anlagevermögens, sondern sind auch mit einer Steigerung der Effizienz, der Flexibilität und der Erweiterung der Geschäftsmöglichkeiten in der Zukunft verbunden. Wenn also die Liquidität des Unternehmens belastet wurde, weil zuvor umfangreiche Investitionen getätigt wurden, ist dies zunächst sehr positiv zu bewerten. Sofern die knappe Liquiditätsausstattung nicht existenzbedrohende Ausmaße annimmt, ist davon auszugehen, dass sich aus den Investitionen zukünftig lukrative Geschäftschancen ergeben, die zu einer Verbesserung der Liquiditätssituation führen.

Auch der Abbau der Verschuldung des Unternehmens ist positiv zu bewerten. Wenn Unternehmen einen Teil der Liquidität zum Abbau von Schulden verwenden, führt dies zu einer geringeren Zinsbelastung des Unternehmens in der Zukunft. Auch hier werden zukünftige Zahlungsströme aus der Geschäftstätigkeit des Unternehmens entlastet und sorgen so für eine Verbesserung der Liquiditätsausstattung in der Zukunft.

Auch bei langfristigen Fertigungsaufträgen müssen Unternehmen sehr häufig in erheblichem Umfang in Vorleistung gehen. Es müssen nicht nur hohe Materialbestände aufgebaut werden, sondern es entsteht zusätzlich eine Belastung durch die Wertschöpfung. Abschreibungen auf Maschinen und Gehälter der Produktionsmitarbeiter belasten das Ergebnis und erhöhen die Vorräte zusätzlich. Es ist jedoch davon auszugehen, dass aufgrund der vertraglichen Gestaltung langfristiger Fertigungsaufträge eine Abnahme weitgehend gesichert ist und damit ein Teil der zukünftigen Ergebnisse bereits »im Haus« ist und »nur noch« abgearbeitet werden muss. Damit ist zukünftig eine Entlastung der angespannten Liquiditätssituation zu erwarten.

Allerdings gibt es auch weniger positive Gründe, die zu einer schwierigen Liquiditätssituation des Unternehmens führen können. Hierzu zählen insbesondere:

- Umsatzrückgang
- Umsatz zu unattraktiven Margen

Wenn die wirtschaftliche Aktivität von Unternehmen abnimmt, führt dies zu einem *Rückgang der Umsätze*. Dies wiederum führt zu geringeren Zahlungseingängen. Die Kosten laufen aber weiter und können nicht schnell genug abgebaut werden. Eine Verschlechterung der Liquidität des Unternehmens ist die Folge.

Hinzu kommt, dass viele Unternehmen, die den Abschwung nicht haben kommen sehen, oft auf zu hohen Lagerbeständen sitzen. Je länger diese Abschwungphasen andauern, desto größer wird das Risiko, dass ein Teil der Lagerbestände aufgrund von Überalterung und technischem Fortschritt auch im Aufschwung nicht abgesetzt werden kann und somit zwangsläufig verschrottet werden muss.

Sehr oft geht eine schwierige Situation auch mit *sinkenden Margen* einher. Um den Abschwung abzufedern oder gar umzukehren, gehen die Unternehmen bei der Preisgestaltung immer mehr Kompromisse ein und akzeptieren geringere Margen, um überhaupt noch Geschäft generieren zu können. Leider verharren die Kosten auf dem etablierten Niveau und können nicht so einfach gesenkt werden. Eine weitere Belastung der Liquiditätsausstattung ist die Folge.

Die zentralen Aussagen des Kapitels

- Die Analyse der finanziellen Stabilität des Unternehmens zielt darauf ab, Erkenntnisse über die Vermögensstruktur, die Kapitalstruktur und die Liquiditätssituation des Unternehmens zu gewinnen.
- Bei der Analyse der Vermögensstruktur wird untersucht, wie leicht das Vermögen des Unternehmens liquidiert werden kann, wie die Altersstruktur des Vermögens aussieht und wie aktiv das Unternehmen in die Erhaltung und Erweiterung seines Vermögens investiert.
- Bei der Finanzierungsanalyse wird die Kapitalstruktur des Unternehmens betrachtet und versucht, finanzielle Risiken durch übermäßige Verschuldung zu identifizieren. Darüber hinaus ist es das Ziel der Analyse, die Rentabilität der Kapitalstruktur des Unternehmens zu beurteilen.
- Die Analyse der Liquidität eines Unternehmens zielt darauf ab, das Risiko möglicher kurzfristiger Zahlungsausfälle zu identifizieren.

Kapitel 10

Beurteilung der Ertragssituation

Neben der Beurteilung der finanziellen Stabilität, die sich auf die Vermögens-, Kapital- und Liquiditätslage bezieht, interessiert die Adressaten des Jahresabschlusses auch die Ertragslage des Unternehmens.

Insbesondere Investoren und Kapitalgeber des Unternehmens wollen die Rentabilität des Unternehmens nachvollziehen. Sie interessieren sich dafür, aus welchen Quellen das Unternehmensergebnis stammt und ob es als nachhaltig anzusehen ist.

Aber auch andere Stakeholder des Unternehmens haben ein großes Interesse daran, das Ergebnis des Unternehmens tiefer zu durchleuchten und besser zu verstehen. Schließlich entstehen aus dem Ergebnis zukünftige Zahlungsströme, die zur Finanzierung zur Verfügung stehen und zukünftige Zahlungsverpflichtungen des Unternehmens abdecken.

Grundsätzlich lässt sich die Beurteilung der Ertragslage in zwei Komponenten unterteilen:

- Analyse der Rentabilität des Unternehmens
- Analyse der Ertragsstruktur

Insbesondere die Rentabilitätsanalyse ist in der Praxis von großer Bedeutung. Dabei wird der Gewinn des Unternehmens zu verschiedenen Bezugsgrößen, insbesondere zum Eigenkapital des Unternehmens, in Beziehung gesetzt. Damit soll festgestellt werden, ob die Ertragslage eine angemessene Verzinsung des eingesetzten Kapitals ermöglicht. Wir werden daher in diesem Kapitel verstärkt auf den relevanten Bereich der Rentabilitätsanalyse eingehen.

Darüber hinaus ist aber auch die Analyse der Ergebnisstruktur für ein besseres Verständnis des Unternehmens von Bedeutung. Hierbei wird versucht, das Gesamtergebnis eines Unternehmens in seine einzelnen Bestandteile zu zerlegen. Damit soll eine Aussage darüber ermöglicht werden, welcher Anteil des Ergebnisses aus nachhaltigen Quellen stammt und welcher Anteil eher auf Sonder- und Einmaleffekte zurückzuführen ist.

10.1 Rentabilitätsanalyse

Die Rentabilitätsanalyse ist das zentrale Element der Bilanzanalyse zur Beurteilung der Ertragslage eines Unternehmens. Dabei wird das erwirtschaftete Ergebnis in Relation zu verschiedenen Bezugsgrößen des Unternehmens gesetzt. Insbesondere Aussagen über die Verzinsung verschiedener Kapitalbestandteile finden besondere Beachtung.

Die Rentabilitätsanalyse dient damit in erster Linie dem Informationsinteresse der Kapitalgeber eines Unternehmens. Im Folgenden werden daher verschiedene Kennzahlen betrachtet, um ein möglichst umfassendes Bild der Rentabilität des Unternehmens zu erhalten.

10.1.1 Eigenkapitalrendite

Die mit Abstand wichtigste Kennzahl für die Kapitalgeber eines Unternehmens ist die Eigenkapitalrendite. Sie setzt das Unternehmensergebnis ins Verhältnis zum Eigenkapital:

$$\text{Eigenkapitalrendite} = \frac{\text{Gewinn}}{\text{Eigenkapital}}$$

Die Eigenkapitalrendite spiegelt somit direkt die Verzinsung des von den Eigentümern zur Verfügung gestellten Kapitals wider. Der Jahresüberschuss steht theoretisch vollständig den Eigentümern zu. Er kann entweder zur Stärkung der Eigenkapitalbasis im Unternehmen verbleiben oder ganz oder teilweise an die Eigentümer ausgeschüttet werden.

Der große Vorteil der Eigenkapitalrendite für die Eigentümer liegt in der Vergleichbarkeit. Denn die Eigenkapitalrendite erlaubt einen Vergleich mit alternativen Anlagemöglichkeiten für das Eigenkapital. Statt sein Geld in ein Unternehmen zu investieren, kann ein Investor es alternativ auch in andere Unternehmen oder andere Anlagevehikel investieren. Selbst ein Vergleich mit der Verzinsung eines Tagesgeldkontos ist zumindest theoretisch möglich.

Bei einem Vergleich sollte jedoch immer das mit der Investition verbundene Risiko berücksichtigt werden. Ein höheres Risiko geht in der Regel mit einer höheren Renditeerwartung einher. Warum sollte ein Investor das unternehmerische Risiko eingehen, wenn er für sein Kapital auf einem Tagesgeldkonto eine ähnliche Verzinsung bei nahezu keinem Risiko erhalten könnte?

Bei der Interpretation der Eigenkapitalrendite sollten immer auch die Kapitalausstattung des Unternehmens und dessen Kapitalstruktur berücksichtigt werden. Ist das Unternehmen mit wenig Eigenkapital ausgestattet, ist eine hohe Eigenkapitalrendite nicht verwunderlich.

Die restliche Finanzierung erfolgt jedoch über Fremdkapital. Damit geht ein hohes finanzielles Risiko einher, da feste Rückzahlungsverpflichtungen eingegangen wurden. Unternehmen versuchen häufig, ihre Eigenkapitalrendite durch Ausnutzung des Leverage-Effekts zu erhöhen (siehe auch *Kapitel 9*).

Daher spielen bei der Interpretation der Eigenkapitalrendite immer auch die finanzpolitischen Entscheidungen des Unternehmens eine wichtige Rolle. Grundsätzlich stehen den Unternehmen zwei Wege zur Verfügung, um die Eigenkapitalrendite für ihre Eigentümer zu erhöhen:

- Erhöhung des erwirtschafteten Ergebnisses
- Verringerung der Eigenkapitalbasis

Ein Unternehmen, dem es gelingt, mit einem optimalen Finanzierungsmix bessere Ergebnisse zu erzielen, wird seine Kapitalgeber zufrieden stellen. Dabei ist jedoch darauf zu achten, dass die Ergebnisverbesserung nachhaltig ist und nicht zu Lasten zukünftiger Ergebnisse geht. Allzu leicht kommen Unternehmen auf die Idee, kurzfristige Ergebnisverbesserungen durch den Verzicht auf wichtige Investitionen oder die Aussetzung notwendiger Wartungs- und Instandhaltungsarbeiten zu erzielen. Dies mag zwar kurzfristig zu höheren Gewinnen führen, wird sich aber in absehbarer Zeit wieder amortisieren.

Um auch in Zukunft attraktive Gewinne erwirtschaften zu können, muss die Substanz des Unternehmens erhalten und im Idealfall sogar optimiert und ausgebaut werden.

Aber auch durch eine gezielte Reduzierung der Eigenkapitalbasis kann die Verzinsung des eingesetzten Eigenkapitals erhöht werden. Die Erhöhung der Unternehmensfinanzierung durch die bewusste Aufnahme von Fremdkapital kann ein möglicher Weg sein.

Auch andere gezielte Maßnahmen zur Beeinflussung der Kapitalausstattung sind ein gangbarer Weg. Beispielsweise kann das Unternehmen beschließen, eigene Aktien zurückzukaufen. Aktienrückkaufprogramme sind ein probates Mittel, um die Eigenkapitalbasis des Unternehmens zu stärken. Gleichzeitig senden Unternehmen damit ein Signal nach außen, dass sie sich für unterbewertet halten. Bei börsennotierten Unternehmen kann allein die Ankündigung eines Aktienrückkaufprogramms zu Kurssteigerungen führen.

Aber auch die Ausschüttung von Dividenden an die Eigentümer kann das Eigenkapital reduzieren. Sinkt die Basis der Eigenkapitalrendite, steigt die Verzinsung des eingesetzten Eigenkapitals.

Die Eigenkapitalrendite eignet sich auch zum Vergleich verschiedener Unternehmen. Allerdings stellt sich hier vor allem das Problem der unterschiedlichen Steuersysteme, wenn Unternehmen aus verschiedenen Ländern miteinander verglichen werden.

Um eine bessere Vergleichbarkeit der Ergebnisse zu erreichen, kann daher eine alternative Berechnungsmethode der Eigenkapitalrendite verwendet werden:

$$\text{Eigenkapitalrendite} = \frac{\text{EBIT}}{\text{Eigenkapital}}$$

Hierbei wird lediglich das operative Ergebnis, also das EBIT, des Unternehmens ins Verhältnis zum Eigenkapital gesetzt. Es unterliegt weniger den länderspezifischen Einflüssen, denen die Unternehmen ausgesetzt sind. Es stellt lediglich das operative Ergebnis des Unternehmens dar und setzt dieses ins Verhältnis zum Eigenkapital.

Beispiel

Ein Unternehmen hat ein Eigenkapital von 873.500 Euro. Es hat im abgelaufenen Geschäftsjahr einen Gewinn von 97.400 Euro erwirtschaftet und ein EBIT von 158.900 Euro. Die beiden Varianten der Eigenkapitalrendite geben daher dieses Ergebnis:

$$\text{Eigenkapitalrendite} = \frac{97.400}{873.500} \approx 11{,}2\%$$

$$\text{Eigenkapitalrendite (EBIT)} = \frac{158.900}{873.500} \approx 18{,}2\%$$

10.1.2 Gesamtkapitalrendite

Eine weitere wichtige Kennzahl zur Beurteilung der Rentabilität eines Unternehmens ist die Gesamtkapitalrendite. Hier wird nicht nur auf die Verzinsung des Eigenkapitals geschaut, sondern auf die Verzinsung des gesamten im Unternehmen eingesetzten Kapitals:

$$\text{Gesamtkapitalrendite} = \frac{\text{EBIT}}{\text{Gesamtkapital}}$$

Die Frage, die mit der Gesamtkapitalrendite beantwortet wird, ist, wie erfolgreich das Unternehmen als Ganzes arbeitet. Statt nur die Verzinsung des Eigenkapitals zu betrachten, wird untersucht, wie sich jeder Euro des im Unternehmen eingesetzten Kapitals verzinst. Die Herkunft des Kapitals spielt dabei keine Rolle.

Die Gesamtkapitalrendite eignet sich daher auch für einen Vergleich des Unternehmens mit marktüblichen Zinssätzen. Wie verzinst sich das im Unternehmen eingesetzte Kapital im Vergleich zum aktuellen Zinsniveau?

Die Gesamtkapitalrentabilität des Unternehmens sollte daher immer ergänzend zur Betrachtung der Eigenkapitalrentabilität herangezogen werden. Das gesamte im Unternehmen eingesetzte Kapital dient dazu, die unternehmerische Tätigkeit zu finanzieren und zu betreiben. Daher sind die Unternehmen auch daran interessiert, eine ausreichende Rendite auf das gesamte ihnen zur Verfügung stehende Kapital zu erzielen.

In jedem Fall sollte die Gesamtkapitalrendite höher sein als die Fremdkapitalzinsen, die das Unternehmen für die in Anspruch genommenen Kredite zahlen muss.

In der Praxis wird die Gesamtkapitalrendite häufig auch als »Return on Investment (ROI)« bezeichnet. Sie gibt die Gesamtkapitalrentabilität des Unternehmens an.

Beispiel

Die Bilanzsumme des Unternehmens aus dem vorherigen Beispiel beträgt 2.564.300 Euro. Damit errechnet sich eine Gesamtkapitalrendite von 6,2%:

$$\text{Gesamtkapitalrendite} = \frac{158.900}{2.564.300} \approx 6{,}2\%$$

10.1.3 Umsatzrentabilität

Wie gut ist ein Unternehmen in der Lage, den erwirtschafteten Umsatz in Gewinn umzuwandeln? Diese Frage beantwortet die Kennzahl Umsatzrentabilität:

$$\text{Umsatzrentabilität} = \frac{\text{Gewinn}}{\text{Umsatz}}$$

Sie gibt an, wie viel von einem Euro Umsatz am Ende als Gewinn übrigbleibt. Damit ist die Kennzahl auch ein Ausdruck der operativen Effizienz des Unternehmens. Der Teil des Umsatzes, der nicht als Gewinn übrigbleibt, wird zur Deckung der anfallenden Kosten, Finanzierungskosten und Steuern verwendet.

Da die Umsatzrentabilität sehr stark vom Geschäftsmodell des Unternehmens und der Branche abhängt, ist es schwierig, allgemeingültige Aussagen über eine ideale Zielrentabilität zu treffen.

Auch der Vergleich verschiedener Unternehmen sollte mit Bedacht erfolgen. Die Finanzierungssituation und auch die regionalen Steuersysteme sind bei Unternehmen gleicher Branchen nicht immer vergleichbar. Dies erschwert wiederum eine adäquate Einordnung der Umsatzrentabilität eines einzelnen Unternehmens.

Daher sollte in jedem Fall ein Selbstvergleich erfolgen und die Kennzahl für mehrere Jahre berechnet werden. Die Entwicklung der Umsatzrentabilität über mehrere Geschäftsjahre erlaubt zumindest eine Aussage über die Entwicklung der Ertragskraft des Unternehmens.

Beispiel

Bei einem Gewinn von 716.200 Euro und einem Umsatz von 33.500.600 Euro ergibt sich für ein Unternehmen eine Umsatzrendite von 2,1%:

$$\text{Umsatzrentabilität} = \frac{716.200}{33.500.600} \approx 2,1\%$$

10.1.4 Profitabilitätsmargen

Sollen verschiedene Unternehmen einer Branche miteinander verglichen werden, ist auf die Vergleichbarkeit der Zahlen zu achten. Diese wird nicht nur durch unterschiedliche Rechnungslegungsvorschriften, Ansatz- und Bewertungswahlrechte sowie Ermessensspielräume erschwert, sondern auch durch die Kapitalausstattung der Unternehmen und das für sie geltende Steuersystem.

Daher ist es sinnvoll, einen Rentabilitätsvergleich durchzuführen, der zumindest einige dieser Aspekte außer Acht lässt. Sowohl die EBIT- als auch die EBITDA-Marge eignen sich für einen Vergleich zwischen Unternehmen:

$$\text{EBIT-Marge} = \frac{\text{EBIT}}{\text{Umsatz}}$$

$$\text{EBITDA-Marge} = \frac{\text{EBITDA}}{\text{Umsatz}}$$

Das EBIT entspricht dem operativen Ergebnis eines Unternehmens. Es ist der Teil des Gewinns, der aus der originären Geschäftstätigkeit des Unternehmens stammt. Zur Erinnerung: EBIT steht für »Earnings before Interest and Taxes«, ist also das Ergebnis des Unternehmens vor Abzug von Zinsen und Steuern. Es wird also weder durch die Finanzierung des Unternehmens noch durch das länderspezifische Steuersystem, dem das Unternehmen unterliegt, beeinflusst.

Das EBITDA wiederum addiert zusätzlich die Abschreibungen auf das Anlagevermögen. Damit bereinigt es das Betriebsergebnis zusätzlich um individuelle Investitionsentscheidungen im Unternehmen. Sehr häufig wird das EBITDA auch als einfach zu ermittelnde Größe verwendet, die dem Brutto-Cashflow des Unternehmens entspricht.

Sowohl die EBIT- als auch die EBITDA-Marge sind gute Kennzahlen, um die operative Ertragskraft verschiedener vergleichbarer Unternehmen zu vergleichen. Die Finanzierung der Unternehmen und die unterschiedlichen Steuersysteme spielen dabei keine Rolle. Selbstverständlich können Unterschiede zwischen vergleichbaren Unternehmen weiter analysiert werden, um die Ursachen zu ermitteln.

Beispiel

Ein Unternehmen hat ein EBIT von 10,2 Mio. Euro erwirtschaftet und ein EBITDA von 16,6 Mio. Euro. Der Umsatz betrug 183,4 Mio. Euro. Damit errechnen sich folgende Profitabilitätsmargen:

$$\text{EBIT-Marge} = \frac{10{,}2}{183{,}4} \approx 5{,}6\%$$

$$\text{EBITDA-Marge} = \frac{16{,}6}{183{,}4} \approx 9{,}1\%$$

10.1.5 Kapitalumschlag

Eine weitere Frage, die mithilfe der Bilanzanalyse beantwortet werden kann, ist die nach der Effizienz des Kapitaleinsatzes. Je effizienter ein Unternehmen mit dem vorhandenen Kapital umgehen kann, desto weniger Kapital wird für ein bestimmtes Geschäftsvolumen benötigt. Die Antwort auf diese Frage gibt die Kennzahl Kapitalumschlag:

$$\text{Kapitalumschlag} = \frac{\text{Umsatz}}{\text{Gesamtkapital}}$$

Konkret gibt der Kapitalumschlag an, wie oft das gesamte Kapital eines Unternehmens innerhalb eines Geschäftsjahres durch die Umsatztätigkeit umgeschlagen wird. Die Kennzahl stellt somit das Bindeglied zwischen der Umsatzrentabilität und der Gesamtkapitalrentabilität dar.

Grundsätzlich gilt: Je schneller ein Unternehmen sein Gesamtkapital durch den Umsatz umschlägt, desto höher ist in der Regel seine Gesamtkapitalrentabilität.

Beispiel

Ein Unternehmen hat einen Umsatz von 827 Mio. Euro bei einer Bilanzsumme von 586 Mio. Euro. Damit ergibt sich ein Kapitalumschlag von 1,4:

$$\text{Kapitalumschlag} = \frac{827}{586} \approx 1{,}4$$

10.1.6 Return on Capital Employed

Der Return on Capital Employed (ROCE) ist eine weitere weit verbreitete Kennzahl zur Beurteilung der Rentabilität eines Unternehmens:

$$\text{ROCE} = \frac{\text{EBIT}}{\text{Capital Employed}}$$

Beim ROCE wird das operative Ergebnis ins Verhältnis zum betrieblich notwendigen Kapital gesetzt. Er gibt damit die Verzinsung des für das originäre operative Geschäft eingesetzten Kapitals an.

Leider gibt es zahlreiche, zum Teil voneinander abweichende Definitionen, wie das Capital Employed zu berechnen ist. Eine sehr verbreitete Methode geht vom Gesamtkapital aus:

  Gesamtkapital
- Flüssige Mittel
- Finanzanlagen
= Capital Employed

Eine andere Variante versucht, das Capital Employed direkt zu berechnen:

Anlagevermögen
+ Vorräte
+ Forderungen
- Sonstige Verbindlichkeiten
- Sonstige Rückstellungen
- Passive Rechnungsabgrenzungsposten
= Capital Employed

Der ROCE erfreut sich bei Investoren großer Beliebtheit und eignet sich darüber hinaus auch für unternehmensübergreifende Vergleiche. Da er die Verzinsung des betriebsnotwendigen Vermögens wiedergibt, ist er am ehesten mit der Gesamtkapitalrentabilität vergleichbar. Allerdings wird hier nur auf die Verzinsung des betriebsnotwendigen Vermögens abgestellt, weshalb der ROCE in der Regel höher ausfallen wird als eine gleichzeitig ermittelte Gesamtkapitalrendite.

Beispiel

Ein Unternehmen hat ein betrieblich notwendiges Kapital (Capital Employed) von 1.418 Mio. Euro und erwirtschaftet damit ein EBIT von 107 Mio. Euro. Es ergibt sich daher ein ROCE von 7,5%:

$$\text{ROCE} = \frac{107}{1.418} \approx 7{,}5\%$$

10.2 Ergebnisanalyse

Ein weiterer Teil der Analyse der Ertragslage betrifft die Zusammensetzung des Ergebnisses. Dabei steht nicht so sehr die Bewertung des Ergebnisses in Bezug auf verschiedene Bezugsgrößen im Vordergrund, sondern vielmehr das Verständnis der Ergebnisstruktur.

Insbesondere wird versucht herauszufinden, ob das Ergebnis eher zufällig aufgrund günstiger Umstände erzielt werden konnte oder ob es das Resultat einer guten und stabilen Ertragskraft des Unternehmens ist.

Wir wollen uns hier insbesondere auf drei Bereiche der Ergebnisanalyse konzentrieren:

- Analyse des ordentlichen Ergebnisses des Unternehmens
- Entwicklung von Umsatz und Gewinn
- Entwicklung von Material- und Personalaufwand

10.2.1 Ergebnisspaltung

Bei der Ergebnisaufspaltung geht es um die Frage, aus welchen Quellen das Unternehmensergebnis stammt und wie nachhaltig es ist. Diese Art der Analyse erfordert viel Erfahrung im Umgang mit den Finanzzahlen von Unternehmen und es gibt nicht unbedingt eindeutige Antworten. Es ist viel Intuition erforderlich, und in einigen Fällen wird man bei der Analyse nur mit Annahmen zu einem Ergebnis kommen.

Das Ziel der Ergebnisspaltung ist es, das in der Gewinn- und Verlustrechnung ausgewiesene Gesamtergebnis eines Unternehmens in drei Bereiche aufzuteilen:

- ordentliches Ergebnis
- neutrales Ergebnis
- Finanzergebnis

Das *ordentliche Ergebnis* eines Unternehmens basiert auf der eigentlichen Geschäftstätigkeit und ist ausschließlich der operativen Tätigkeit zuzuordnen. Alle Geschäftsvorfälle, die typischerweise mit der Art der Geschäftstätigkeit eines Unternehmens zusammenhängen, sind im ordentlichen Ergebnis auszuweisen.

Demgegenüber steht das *neutrale Ergebnis*, das in keinem direkten Zusammenhang mit der eigentlichen Geschäftstätigkeit eines Unternehmens steht. Die Bestandteile des neutralen Ergebnisses lassen sich in drei Bereiche unterteilen:

- betriebsfremdes Ergebnis
- periodenfremdes Ergebnis
- außerordentliches Ergebnis

Zu den *betriebsfremden Vorgängen* zählen alle Geschäftsvorfälle, die nicht in direktem Zusammenhang mit der operativen Tätigkeit des Unternehmens stehen. Wenn z. B. ein produzierendes Unternehmen nicht benötigte Betriebsräume untervermietet, dann gehören die gesamten Mieteinnahmen und die damit verbundenen Aufwendungen zu den betriebsfremden Vorgängen.

Periodenfremde Vorgänge sind Erträge oder Aufwendungen, die nicht unmittelbar dem laufenden Geschäftsjahr zuzurechnen sind, sondern früheren Geschäftsjahren. Sie haben somit ihren Ursprung vor dem betrachteten Geschäftsjahr und sollten daher bei der Beurteilung der originären Ertragskraft des Unternehmens unberücksichtigt bleiben.

Beispielsweise kann ein Unternehmen periodenfremde Erträge erzielen, wenn es eine Zahlung für eine Forderung erhält, die in früheren Perioden als uneinbringlich eingestuft und daher abgeschrieben wurde. Auch Steuernachzahlungen und -rückzahlungen, die sich auf frühere Geschäftsjahre beziehen, fallen in diese Kategorie des periodenfremden Ergebnisses.

Bei den *außerordentlichen Posten* handelt es sich wiederum um einmalige, das Ergebnis verzerrende Effekte, die in der Regel nicht erneut auftreten. Beispielsweise könnten Abfindungszahlungen an Mitarbeiter im Rahmen einer Restrukturierung in diese Kategorie fallen. Es ist eher unüblich, dass Unternehmen umstrukturieren, und die gezahlten Abfindungen sind nicht der operativen Tätigkeit des Unternehmens zuzurechnen.

Allerdings gibt es hier eine Grauzone, in der eine eindeutige Zuordnung der Vorgänge zum neutralen oder ordentlichen Ergebnis nicht möglich ist. Letztlich bleibt es dem Ermessen des Unternehmens überlassen, wie es mit bestimmten Vorgängen umgeht.

Das *Finanzergebnis* wird in der Gewinn- und Verlustrechnung unterhalb des EBIT, also des operativen Ergebnisses, verbucht und ist somit ohnehin bereits von einem möglichen ordentlichen Ergebnis getrennt. Allerdings können sich im Finanzergebnis auch neutrale Ergebnisbestandteile befinden, die bei Kenntnis durchaus aus dem Finanzergebnis herausgerechnet werden können.

10.2.2 Vorgehen bei der Ergebnisspaltung

Die Ergebnisspaltung hat ihren Ausgangspunkt in der Gewinn- und Verlustrechnung. Mithilfe der Angaben im Anhang und im Lagebericht geht man dann auf die Suche nach potenziell neutralen Erfolgsbestandteilen. Gerade in den Erläuterungen des Anhangs zu den einzelnen Positionen der Gewinn- und Verlustrechnung sollte intensiv nach diesen potenziell neutralen Ergebnisbestandteilen gesucht werden. Auch die Erörterung des Lageberichts zur wirtschaftlichen Lage des Unternehmens kann Details liefern, die eine Bereinigung der Gewinn- und Verlustrechnung von neutralen Ergebnisbestandteilen ermöglicht.

Im Zweifelsfall müssen Sie jedoch selbst entscheiden, ob Sie zweifelhafte Geschäftsvorfälle als neutral oder als ordentlich betrachten möchten. Ein interessanter Aspekt bei der Beurteilung der Ergebnisstruktur ist der Anteil des ordentlichen Ergebnisses am Gesamtergebnis, welches sich aus dem ordentlichen Ergebnis und dem Finanzergebnis zusammensetzt.

Es ist nicht ungewöhnlich, dass viele Unternehmen einen sehr großen Teil ihres Ergebnisses nicht aus der originären Geschäftstätigkeit, sondern aus dem Finanzergebnis erzielen. In einem solchen Fall ist es wichtig, sich die einzelnen Komponenten des Finanzergebnisses genau anzusehen und zu prüfen, wie nachhaltig diese anteilsmäßig bedeutende Ergebniskomponente ist und ob auch in Zukunft mit einem profitablen Finanzergebnis gerechnet werden kann.

10.2.3 Personalintensität

Ein großer Bereich der Analyse der Ertragslage betrifft das Personal eines Unternehmens. In vielen Unternehmen ist der Personalaufwand einer der größten Aufwandsposten, wenn nicht sogar der größte Einzelposten. In der Bilanzanalyse haben sich daher zahlreiche Kennzahlen entwickelt, die den Personaleinsatz eines Unternehmens genauer unter die Lupe nehmen. Die Personalintensität setzt dabei den Personalaufwand des Unternehmens ins Verhältnis zur Gesamtleistung:

$$\text{Personalintensität} = \frac{\text{Personalaufwand}}{\text{Gesamtleistung}}$$

Die Gesamtleistung eines Unternehmens entspricht der Summe aus Umsatz und Bestandsveränderung. Sie wird standardmäßig auch in der Gewinn- und Verlustrechnung nach dem Gesamtkostenverfahren ausgewiesen. Bei einem Unternehmen, das das Umsatzkostenverfahren anwendet, kann der Personalaufwand auch ins Verhältnis zum Umsatz gesetzt werden. In diesem Fall sind die Angaben zum Personalaufwand ohnehin im Anhang und Lagebericht zu suchen, da sie in der Gewinn- und Verlustrechnung nach dem Umsatzkostenverfahren standardmäßig nicht ausgewiesen werden.

Die Personalintensität ist eine interessante Kennzahl, die sich auch für einen unternehmensübergreifenden Vergleich eignet. Hier ist jedoch darauf zu achten, dass die berechneten Kennzahlen aufgrund unterschiedlicher Gliederungen der Gewinn- und Verlustrechnung auch tatsächlich miteinander verglichen werden können.

Eine geringe Personalintensität deutet auf einen sehr effizienten Einsatz der Personalkapazitäten hin und ist zunächst positiv zu bewerten. Unternehmen, die stark in Automatisierungstechnik investieren, können ihre Personalintensität im Zeitablauf auch reduzieren.

Auch das Geschäftsmodell spielt eine wichtige Rolle für die Personalintensität. So sind insbesondere Dienstleistungsunternehmen durch einen hohen Personaleinsatz gekennzeichnet und werden daher naturgemäß eine deutlich höhere Personalintensität aufweisen als produzierende Unternehmen mit einem umfangreichen Produktionsbereich und einer hohen Materialeinsatzquote.

Einen weiteren Einblick in den Personaleinsatz gibt der Personalaufwand pro Kopf:

$$\text{Personalaufwand pro Kopf} = \frac{\text{Personalaufwand}}{\text{Beschäftigte}}$$

Hier wird der Personalaufwand durch die Anzahl der beschäftigten Mitarbeiter dividiert. Damit gibt diese Kennzahl auch das durchschnittliche Lohnniveau des Unternehmens an.

Allerdings enthält der Personalaufwand neben den Bruttolöhnen auch weitere Personalnebenkosten wie z.B. die Arbeitgeberanteile zur Sozialversicherung. Daher sollte diese Kennzahl keinesfalls mit der Statistik der Bruttolöhne und -gehälter verglichen werden, da hier sonst Äpfel mit Birnen verglichen werden.

Für die Analyse des Personaleinsatzes ist auch die Arbeitsproduktivität von Interesse. Diese Kennzahl kann auf zwei verschiedene Arten berechnet werden:

$$\text{Arbeitsproduktivität I} = \frac{(\text{Gesamtleistung / Materialaufwand})}{\text{Personalaufwand}}$$

$$\text{Arbeitsproduktivität II} = \frac{\text{Gesamtleistung}}{\text{Beschäftigte}}$$

Beide Kennzahlen beantworten auf unterschiedlichen Berechnungswegen die gleiche Frage: Wie viel Output kann das Unternehmen pro eingesetzter Personaleinheit erzeugen? Die beiden Berechnungsvarianten sind nicht direkt miteinander vergleichbar. Bei dieser Kennzahl ist vor allem die Entwicklung im Zeitablauf von Interesse, da sie Aufschluss darüber gibt, ob es dem Unternehmen gelingt, den Personalbestand im Zeitablauf immer effizienter einzusetzen.

Beispiel

Ein Unternehmen hat 314 Beschäftigte und erwirtschaftet damit eine Gesamtleistung von 86.417.500 Euro. Außerdem beträgt der Personalaufwand 23.815.000 Euro. Für die Personalintensität, den Personalaufwand pro Kopf und die Arbeitsproduktivität II ergeben sich daher diese Werte:

$$\text{Personalintensität} = \frac{23.815.000}{86.417.500} \approx 27{,}6\%$$

$$\text{Personalaufwand pro Kopf} = \frac{23.815.000}{314} \approx 75.844 \text{ Euro}$$

$$\text{Arbeitsproduktivität II} = \frac{86.417.500}{314} \approx 275.215 \text{ Euro}$$

10.2.4 Materialintensität

Die Materialintensität ist eine weitere Kennzahl zum besseren Verständnis der Ergebnisstruktur des Unternehmens. Sie wird berechnet, indem der Materialaufwand des Unternehmens ins Verhältnis zur Gesamtleistung gesetzt wird:

$$\text{Materialintensität} = \frac{\text{Materialaufwand}}{\text{Gesamtleistung}}$$

Bei Unternehmen, die ihre Gewinn- und Verlustrechnung nach dem Umsatzkostenverfahren aufstellen, ist der Materialaufwand nicht direkt aus der Gewinn- und Verlustrechnung ableitbar. Mittelgroße und große Kapitalgesellschaften müssen den Materialaufwand jedoch im Anhang angeben. Bei kleineren Unternehmen, bei denen der Materialaufwand nicht verfügbar ist, kann alternativ auf die Umsatzkosten zurückgegriffen werden.

Die Materialintensität eignet sich auch zum Vergleich mit Wettbewerbern. Sie drückt aus, wie effizient der Materialeinsatz bei der Leistungserstellung ist. Allerdings kann es auch zwischen grundsätzlich vergleichbaren Wettbewerbern deutliche Unterschiede geben.

Zum einen können zwei Unternehmen der gleichen Branche völlig unterschiedliche Ansätze verfolgen, welchen Anteil ihrer Leistungen sie selbst herstellen und welchen sie zukaufen. Da in zugekauften Produkten immer auch ein Wertschöpfungsanteil des Lieferanten enthalten ist, ist bei einem höheren Zukaufanteil mit einer höheren Materialintensität zu rechnen.

Außerdem hat dies einen Einfluss darauf, welches Verbrauchsfolgeverfahren ein Unternehmen für seine Lagerbestände verwendet. Wird bei steigenden Einkaufspreisen das Lifo-Verfahren (siehe *Kapitel 7*) angewendet, so steigt auch der Materialaufwand schneller an, da beim Verbrauchsfolgeverfahren die früher eingekauften günstigeren Materialien noch auf Lager liegen und nur die neueren und teureren Materialien zuerst verbraucht werden.

Die Materialintensität ist nicht geeignet, um branchenfremde Unternehmen miteinander zu vergleichen. Dienstleistungsunternehmen werden im Gegensatz zu produzierenden Unternehmen einen deutlich geringeren Materialeinsatz und damit eine geringere Materialintensität aufweisen.

Beispiel

Ein Unternehmen hat einen Materialaufwand von 78.614.500 Euro bei einer Gesamtleistung von 317.526.000 Euro. Die Materialintensität beträgt daher 24,8%:

$$\text{Materialintensität} = \frac{78.614.500}{317.526.000} \approx 24{,}8\%$$

Die zentralen Aussagen des Kapitels

- Die Analyse der Ertragslage des Unternehmens lässt sich in die Rentabilitätsanalyse und die Aufspaltung des Ergebnisses in seine Bestandteile unterteilen.
- Bei der Rentabilitätsanalyse werden verschiedene Ergebnisgrößen des Unternehmens in Relation zum eingesetzten Kapital und weiteren Bezugsgrößen gesetzt.
- Das Ziel ist es, eine Aussage über die risikoadäquate Verzinsung des im Unternehmen eingesetzten Kapitals treffen zu können, um diese mit der Verzinsung anderer Investitionsmöglichkeiten vergleichen zu können.
- Bei der Ergebnisspaltung wird das Gesamtergebnis eines Unternehmens in das ordentliche Ergebnis, das neutrale Ergebnis und das Finanzergebnis zerlegt.
- Deren Ziel ist es, die Nachhaltigkeit des Betriebsergebnisses zu beurteilen und die eigentlichen Erfolgsquellen zu identifizieren.

Schlussbemerkungen

Sie haben sich nun eine solide Grundlage erarbeitet, um Unternehmen ab sofort besser beurteilen zu können. Herzlichen Glückwunsch!

Aber wie geht es weiter? Ich möchte Ihnen einige Anregungen geben, wie Sie Ihr neu erworbenes Wissen nun anwenden können.

Zunächst einmal sollten Sie keine Hemmungen haben, Ihr Wissen anzuwenden. Besorgen Sie sich die Geschäftsberichte und Jahresabschlüsse der Unternehmen, mit denen Sie zu tun haben. Diese finden Sie entweder auf den Internetseiten der Unternehmen im Bereich »Investor Relations« oder bei deutschen Unternehmen alternativ auf der Internetseite des Bundesanzeigers. Schauen Sie sich die Zahlen der Unternehmen an, die Sie interessieren. Das kann Ihr Arbeitgeber sein, ein Geschäftspartner oder ein Unternehmen, an dem Sie beteiligt sind. Lesen Sie die Berichte und versuchen Sie, sich eine eigene Meinung zu bilden.

Dabei werden Sie unweigerlich auf Positionen und Elemente stoßen, die in einem Einsteigerbuch wie diesem keinen Platz gefunden haben. Das ist kein Problem. Wie Sie hoffentlich gelernt haben, sind unternehmerische Finanzen kein Buch mit sieben Siegeln, sondern relativ logisch aufgebaut. Recherchieren Sie einfach selbst, was es mit den unbekannten Informationen auf sich hat. Die solide Basis, die Sie jetzt haben, hilft Ihnen, auch Unbekanntes schneller zu verstehen und einzuordnen.

Wagen Sie auch eine erste Bilanzanalyse. Die vorgestellten Kennzahlen helfen Ihnen dabei, weitere Erkenntnisse in allen relevanten Bereichen des Jahresabschlusses zu generieren. Nur Mut, Sie schaffen das!

Zum Schluss habe ich aber noch eine kleine Bitte an Sie. Es würde mich sehr interessieren, wie Ihnen dieses Buch gefallen hat. Haben Sie konstruktive Kritik oder Anregungen? Schreiben Sie mir unter *christoph@hehemann.me*. Weitere Informationen über mich und meine Arbeit finden Sie auch auf meiner persönlichen Website unter *https://hehemann.me*.

Ich freue mich auf Ihre Nachricht!

Danksagungen

Ein Buch zu schreiben, ist ein spannendes und lehrreiches Projekt. Man schafft es nie allein, sondern braucht die Unterstützung vieler Menschen. Deshalb möchte ich mich an dieser Stelle ausdrücklich bei einigen bedanken:

Allen voran bei meinen Eltern, Christa und Peter Hehemann, die mich während meiner gesamten Ausbildungs- und Berufszeit immer bedingungslos unterstützt und mir mit Rat und Tat zur Seite gestanden haben. Vor allem mein Vater, Peter Hehemann, hat sich die Zeit genommen, meine ersten Entwürfe sehr aufmerksam und hilfreich zu kommentieren und so ein viel besseres Buch entstehen zu lassen.

Auch meiner Frau, Anna Hehemann, möchte ich für ihr Verständnis und ihre emotionale Unterstützung danken. Sie musste in den letzten Monaten immer wieder auf mich verzichten und hatte noch weniger gemeinsame Zeit mit mir, als es mein ohnehin schon voller Terminkalender zuließ.

Mein Dank gilt auch meinem Vorgesetzten, Ralph Hesse, der es mir durch sein explizites Einverständnis ermöglicht hat, neben meiner hauptberuflichen Tätigkeit an diesem Projekt zu arbeiten.

Abschließend möchte ich mich bei meiner Lektorin Katja Völpel und dem gesamten mitp-Verlag für die gute Zusammenarbeit bedanken. Frau Völpel hat mir die Möglichkeit zu diesem Buchprojekt überhaupt erst eröffnet und von Anfang an daran geglaubt, dass daraus ein hilfreiches Einsteigerbuch entstehen kann.

Natürlich gab es auf meinem bisherigen Weg noch unzählige weitere Personen, die hier zu erwähnen wären. Ihnen allen möchte ich für die kleinen und großen Berührungspunkte danken, die mich geformt und vorangebracht haben.

Stichwortverzeichnis